陆小小 著

能 YOU CAN
享受 美好
能 YOU CAN
承受 糟糕

台海出版社

图书在版编目(CIP)数据

能享受美好,能承受糟糕 / 陆小小著. — 北京:台海出版社,
2018.11

ISBN 978-7-5168-2160-2

Ⅰ.①能… Ⅱ.①陆… Ⅲ.①成功心理–通俗读物
Ⅳ.①B848.4–49

中国版本图书馆 CIP 数据核字(2018)第 248864 号

能享受美好,能承受糟糕

著　　者:陆小小

责任编辑:员晓博
装帧设计:快乐文化　　　　　版式设计:通联图文
责任校对:张　池　　　　　　责任印制:蔡　旭

出版发行:台海出版社
地　　址:北京市东城区景山东街 20 号　　邮政编码:100009
电　　话:010–64041652(发行,邮购)
传　　真:010–84045799(总编室)
网　　址:www.taimeng.org.cn/thcbs/default.htm
E – mail:thcbs@126.com

经　　销:全国各地新华书店
印　　刷:北京柯蓝博泰印务有限公司
本书如有破损、缺页、装订错误,请与本社联系调换

开　　本:880mm×1230 mm　　　1/32
字　　数:170 千字　　　　　　　印　　张:7.75
版　　次:2019 年 1 月第 1 版　　印　　次:2019 年 1 月第 1 次印刷
书　　号:ISBN 978-7-5168-2160-2

定　　价:39.80元

前 言

1

英国作家狄更斯在《双城记》的开篇中写道:"那是最美好的时代,那是最糟糕的时代;那是智慧的年头,那是愚昧的年头;那是光明的季节,那是黑暗的季节;那是希望的春天,那是失望的冬天;我们全都在直奔天堂,我们全都在直奔相反的方向。简而言之,那时跟现在非常相像,某些最喧嚣的权威坚持要用形容词的最高级来形容它。说它好,是最高级的;说它不好,也是最高级的。"

是的,狄更斯笔下描述的时代跟当下非常相像。在这个互联网的时代,我们有大把的机会去体验丰富多彩的现代生活,这的确是最美好的时代。但是,我们每个人又不得不忍受物价和实际工资水平不能同步增长的焦虑,这在一定程度上也就成了最糟糕的时代。

我们一边享受着日新月异的科技给我们带来的美好,一边承受着一不小心就会被时代抛弃的糟糕。

但,人生在世,总是好坏参半、对错相交。有些事,做错了不必懊悔;有些路,走错了也不必惊慌。人生旅途漫漫,路上总会遇到起伏的波澜,总会有些错误的遗憾。所谓的美好和糟糕,本来就是一枚硬币的正反两面。

2

你会不会有这种感觉呢?所谓福无双至,祸不单行,有时候会觉得简直是跌到谷底,不好的事情一旦开了个头,就会接二连三地"光顾"你。在每一次打击来的时候,你强打鸡血告诉自己:明天会好的。可是,明天真的会好吗?你也不知道,你的内心满满都是迷茫。

也许明天不一定会好。

但是,我可以负责地告诉你:明天的明天,未来的未来,一定会好。

因为,我坚信,人生所有的对,都是从错开始的! 如果我们未曾经历过错,又怎会知道什么才是真正的对?

只有走错过路,我们才知道哪条路是正确的;只有爱错过人,我们才会明白哪些人是值得我们去爱的。

或许人就是这样,只有经历过糟糕,才能学会享受美好;只有经历过错误,才能学会审视人生。

漫漫人生路,我们前进的旅途,不可能总是一条开阔坦荡的大路,总会碰到一些崎岖和泥泞的小路,总会有坎坷和艰辛;而我们选择前进的方向,也不可能永远都是正确的,无论是做人还是做事,都总会有选择错误的时候,即使错了,也没有什么大不了的,人生总要经历一些磨砺,才能更坚强。不要总是担心会犯错,因为,有时候错误是为了以后的正确做铺垫的。

　　所谓的坚强,不是经历过多少次风雨,而是历经风雨时,依然能够选择义无反顾地前行。

3

　　每个人都希望把平常的日子过成诗,把平凡的岁月酿成酒。而大多时候,心中的诗却总是躲在那个叫远方的神秘地方,而酿出的酒,也常常变成一杯清苦的茶。人生有两种境界,一种是痛而不言,另一种是笑而不语。我们习惯的沉默,其实是为了躲避失望。

　　因为对生活寄予太多的渴望,对未来秉持长久的梦想,许多东西不能割舍,所以放弃是件痛苦的事。但是,生活有时就像低谷或深渊,你若负重,就会加速坠落。你的人生,可以用来战胜,更是用来相处;命运的精彩,不只在轰轰烈烈之间,那些平淡与安静,亦是心灵的另一种力量。

　　也许,你和我一样,我们都一样,我们会难过,我们会情绪化,我们会忍不住回头……

　　但是,我愿意偷偷告诉你——若是美好,叫作精彩;若是糟糕,叫作经历。

目 录
contents

1

第 三 辑

        谁都有自己的做人底线,若放低底线,去迎合别人,这多痛苦啊。每个人的人生,最要紧的不是讨好别人,而是善待自己。当你足够强大,你何必管别人怎么看待你?

第 六 辑

别总把糖果撒给路人,枪口对准家人,受得了你坏脾气的都是爱你的人,所谓情商高,就是好好说话。

第 七 辑

生活当中的很多事,不像电影,能硬生生地把普通至极的生活画成一个完满的圆,大多数人都只能眼睁睁地看着它中途夭折,正如《同桌的你》那首歌里唱的:"谁娶了多愁善感的你/谁看了你的日记/谁把你的长发盘起/谁给你做的嫁衣……"

第 八 辑

　　　生活的本质是态度。每一个人的经历都是平等的，有经历挫折和不幸的机会，也有获得幸福和美好的机会，你可以活得很积极，也可以很悲观，关键就在于你的态度。

第九辑

　　我们总是美慕那些把日子过成诗的人,因为他们在任何情况下,不管遇到什么样的环境,都能从中发现美好和有趣的一面,同时心怀感恩,把失去看成是另一种获得。不过,要把日子过成诗,靠的是一个人的心性、眼界和价值观。

第一辑
愿你能静守生活,愿你能走遍天涯

朝九晚五,依然不染世间繁杂,千山万水,依然恪守初心不惹尘埃。愿你兼顾生活的同时不忘理想。

假如你知道去哪里，全世界都会为你让步

平庸与非凡的最大区别就是我们对自己要做的事有没有一个清晰的规划。我们的人生就像是一粒一粒的沙子，没有方向的人生，就如同一盘散沙。

1

西撒哈拉沙漠中有一颗璀璨耀眼的明珠——比塞尔。如今，每年都有数以万计的游客去那里欣赏它的美。

而改变了比塞尔命运的，正是一个叫作肯·莱文的旅行家。在过往的岁月中，比塞尔是封闭而落后的，没有一个比塞尔人走出过这片沙漠，他们不是对这块贫瘠的土地有多留恋，他们也尝试了无数次离开，但皆以失败而告终。他们认为，要想走出这片沙漠，就是天方夜谭。

肯·莱文偶然路过比塞尔，他对于"比塞尔人世代都无法走出大漠"这种传言感到十分震惊。为了打破这个"魔咒"，他雇佣了一个当地人，跟他一起尝试"走出大漠"。

肯·莱文买了两头骆驼，带了可以维持半个月生活的水

和口粮,跟在当地人的向导后面,开始了他们的探险。向导并没有使用指南针等科学设备,只是挂了一根木棍。

过了整整十天,肯·莱文和他的向导走了1300公里的路程,在这期间,肯·莱文已经迷失了方向,到了第十一天,他们果真又回到了比塞尔。

通过这一次试验,肯·莱文终于明白了,比塞尔人之所以走不出去,是因为他们不会正确地识别方向。当他们在一望无垠的沙漠中行走的时候,只是单纯地凭着感觉往前走,结果,他们都不约而同地走出了大小不一的圆圈,他们的足迹像一把卷尺,最终还得回到比塞尔。

比塞尔处在浩瀚沙漠中的中间地带,方圆上千里内没有别的部落,也没有绿洲,当地人没有见过指南针,当然也不认识北斗星,因此,想要单靠感觉走出这片沙漠,是绝对不可能的。

在离开比塞尔之前,肯·莱文告诉他雇佣的那个青年:白天休息,夜幕降临的时候,朝着北面的那颗星的方向走,一定能走出这片沙漠。青年人照着肯·莱文说的做了,果然,三天之后他就成功走出了沙漠。这个青年人叫作阿古特尔,他是第一位走出比塞尔的当地人,因此,他被视为比塞尔的开拓者。小城的中央,阿古特尔的铜像被竖立在那里,铜像的底座上刻着一行字——新生活是从选定方向开始的。

2

如果说,我们眼前的人生是一片荒漠的话,那么目标无疑是一颗帮助我们脱离困境的北斗星,它给我们指明了前行的方向。虽说每个人都想要逃离荒漠,但并不是每个人都能够做到的,智者会选择先观察、分析、思考,找到那颗"北斗星",然后向着这个方向一直走,最终,这样的人总能找到人生中的繁华。可有些人处于荒漠之中,却毫无方向,四处乱窜,这里找不到,就换一个方向,最终体力透支,被困于荒漠之中。

但世界上并不乏那些悲哀的人。他们想要脱离现状,却又不知从何入手,空有力气,却没有方向,最终四处碰壁,失去了闯荡的热情,甚至会对人生失去信心。论其原因,很简单,就是这个人没有找到目标,他不知道自己的终点在哪里,只是随波逐流,盲目浪费着自己的精力和时间,这样的人自然难以成功。

很多人都说,人生就是一场漫无目的的旅行,走到哪里就是哪里,但在我看来,不是的。人生应该是一场有规划的修行,如果没有办法规划自己的人生,就非常容易在纷杂的选择中失去方向,找不到自我。

对人生没有计划的人最终只能被人生抛弃。心中有了明确的计划,才能有的放矢地走在人生的道路上,才能获得一个完美而成功的结局。

3

　　每个人的生活都是一条单行道，每个人拥有的时间和精力也是有限的，当我们在这条单行道上迷惘、徘徊的时间越多，时间和精力也就消耗得越多，而真正奋斗的时间与精力也就变少了，很可能走到终点，却没有实现自己想要的目标。因此，明确地知道自己想要什么，并为之努力奋斗显得尤其重要。

　　如果我们总是抱着一种走到哪算哪的态度，如果我们连自己这一生最想要的东西是什么都不知道，那还能对未来抱有什么样的奢望呢？大概只能继续生活在迷惘当中。

　　很多人推崇随遇而安的心态，但这并不是一种豁达，而是在困难面前怯懦了、逃避了。之所以随遇而安，很可能是缺少与困难和坎坷搏斗的勇气，害怕挑战，害怕失败，也害怕失去自己拥有的一切，因此在生活面前，选择了顺从。

　　只有知道自己想要什么，命运才会把想要的东西给你；明确地知道自己想要什么，带着这样的目标往前走，世界的单行道也会为你让路。

　　因此，任何时候，你都要清楚自己要去哪里，要干什么，并坚定地朝着终点走去，这样你才会离自己的理想越来越近。

荣辱皆不惊,得失不计较

人皆有欲望,在意功名,在意利禄,因此活得劳心费神。只有当面对荣辱时,保持镇定;面对得失时,保持从容;我们才能够在生活中活出轻松,活出滋味。

1

前秦氏族人苻朗所撰《苻子》记载:传说夏王太康时,东夷族的首领名叫后羿(并非尧帝时射日之后羿),是一位百步穿杨的神射手。夏王听闻后,非常欣赏他的本领,便派人招他入宫来给自己表演。

夏王带他到御花园里找了个开阔地带,叫人拿来了一块一尺见方、靶心直径大约一寸的兽皮箭靶,用手指着说:"今天请先生来,是想请你展示一下精湛的本领,这个箭靶就是你的目标。为了使这次表演不至于因为没有竞争而沉闷乏味,我来给你定个赏罚规则:如果射中了的话,我就赏赐给你黄金万两;如果射不中,那就要削减你一千户的封地。现在请先生开始吧。

后羿听后脸色不定，呼吸紧张局促，而后引弓射箭，没想到竟然没有射中。

夏王对大臣傅弥仁说："这个后羿，射箭是百发百中的。但对他进行赏罚，反而就不中靶心了，这是何故呢？"

傅弥仁说："高兴和恐惧成了他的灾难，万两黄金成了他的祸患。人们若能抛弃他们的高兴和恐惧，舍去他们的万两黄金，那么普天之下的人们都不会比后羿的本领差了。"

2

坊间曾经流传着这样一个故事：话说乾隆皇帝下江南时，游历到金山寺，一位高僧陪伴左右。乾隆皇帝看着大江在山脚下往东而去，百舸争流，便问："高僧在这里住了几十年，可知道每天来来往往有多少只船？"

高僧淡淡地回答："几十年间，我只看到两艘船。一条为名，一条为利。"

天下熙熙皆为利来，天下攘攘皆为利往，人活在世上，无论贫富贵贱，都不免要和名利打交道。高僧的一语便将世间利来利往的现象道破，面对这个现状，身处其中的我们又该如何应对呢？

俗话说："得失随意，宠辱不惊！"总结来看，即为平常心。平常心，这三个字看起来简单，但却是世人难以跨越的一道鸿沟。用一颗平常心，去看待世界上不平常的事情，那么所有的事都是平常的事。

在纷繁复杂的现实社会当中,很多人常常就是因为缺乏平常心,渴望追求名和利,并以此为目标,把财富和权力作为衡量人生幸福的一个标准,从而跌入欲望的陷阱当中,贪图享乐,从而无法自拔,不能获得内心的满足和幸福。

1977年,日本知名职业围棋棋手林海峰只有23岁,他在名人战中挑战日本著名围棋棋手坂田荣男,但出师不利,首局就输了。输掉了首局后,林海峰就失去了信心。想来想去都无法恢复信心,林海峰去找师父吴清源开导自己。

吴清源听了林海峰的苦恼后,淡淡地说:"我觉得你现在最需要的就是保持一颗平常心。老天已经待你很好了,让你在23岁的年纪就能够挑战名人,要知道这是多少人梦寐以求也无法达到的成就啊。既然如此,你还有什么不满足的呢?"为此,师父吴清源特意写了一幅字送给林海峰,林海峰一看,"平常心"三个大字展现在眼前。看到这,林海峰想通了,在随后的挑战赛中连赢三局,最终以四胜二负的比分战胜了坂田荣男,一举成为历史上最年轻的围棋名人。

自从那一次之后,林海峰再也没有因为输了比赛而觉得难过了,因为他不再关注这一时的输赢与得失,而是把所有的注意力都放在围棋上。

六祖慧能曾经说过:"本来无一物,何处惹尘埃。"超越自我,超脱凡俗的境界,正是彻底体悟了平常心过后才能体会得到。其实，世界上很少有人能够做到一心一意，尤其是经常穿梭在利害得失中的人，常常被世间的浮华所诱惑，过度依恋生命表层的光彩，容易迷失自我，失去了一颗"平常心"，也失去了感受爱和幸福的能力。

只有用心感受生活，感受生命，将自己完全融入世界当中，才能够找到生活的意义。

3

洪应明在《菜根谭》中直抒胸臆："宇宙内事，要力担当，又要善摆脱。不担当则无经世之事业，不摆脱则无出世之襟期。"意思是，要勇于承担世上的一切事情，还要善于摆脱。不承担的话就没有立世的资本，但是，如果一直深陷世俗生活，也就丧失了脱离尘世的情怀。身处名利场中，应懂得休闲放松，然后以更充沛的精力投入到工作中去。如果你有非凡的才能，为什么不贡献于社会呢？我们应"以出世的心态，做入世的事情"，即用出世的态度或精神，来做入世的事业。

"入世"就是把现实生活中的利害、得失、恩怨、情仇、成败、对错等作为做人做事的基本准则。做事谋生，积极主动，用有限的人生追求无限的成就。当一个人入世太深，就会把实际利益看得过重，难以超脱出来冷静全面地看问题，这时，就需要有点出世的精神。

　　"出世"就是做人不能太拘泥于现实、太苛求利益，要以平和的心态对人对事，既要全力以赴，又要顺其自然。我们需要站得高一点，这样才可以看得远。世间万物，看淡一些，这样才能排除私心杂念，以出世的精神去做入世的事业，就会事半功倍。

　　我们活在现实中，要生存，要"入世"；若要保持内心的平静，在精神上要"出世"。

<h2 style="text-align:center">4</h2>

　　当然，所谓"出世"并不是让我们彻底地与世隔离。若是一味地苛求"出世"而表现出对任何事都冷眼旁观，甚至摆出高高在上的姿态，而不想去做一点实际的，那并不是真正的"出世"。我们所提倡的"出世"，是一种态度，是为了让你更好地融入现实，以更好的心态面对世间的一切事物。

　　以"出世"的态度做"入世"的事情，告诉我们应放下心中的杂念，珍惜时光，积极主动地把眼前的每一件事都看成大事，扎扎实实地把它做好。在世俗中应尽自己最大的努力，不以权力、财富、名望为追求目标，而讲求修身、养德、济世，用来成就自己，造福他人。

　　世事纷纭，易生浮躁，我们要以超然的心态做事谋生。跳出自我，超越自我，才能更好地看清自我，以出世的心态做入世的事。我们应维持"出世"和"入世"之间的平衡，确保事业、

家庭、个人修为之间的和谐，这样即使无法取得大的成就，也
会收获快乐人生。

遇到不幸时，请等待三天

一个人对生活的感受，不在于其所处的环境，关键在于
其心境如何。"人心有真境，非丝非竹，而自恬愉；不烟不茗，
而自清芬。"

1

苏格拉底年轻时，曾和几个朋友一起挤住在一间不足10
平方米的房间里，一天到晚总是很快乐。有人奇怪地问他：
"人那么多，屋子却那么小，你为什么还这么高兴呢？"

苏格拉底说："朋友们住在一起，随时可以交流思想、交
流感情，难道这不是值得高兴的事吗？"

过了一段日子，朋友们相继成了家，先后搬了出去，小屋
里只剩下苏格拉底一个人，但他每天仍然很快乐。

那人又问："现在只剩下你一个人了，多孤单呀，为什么
你仍然很高兴？"

苏格拉底说:"我和很多好书日夜相伴,这怎么不令人高兴呢?"

又过了几年,苏格拉底也成了家,搬进了一座楼里,他家住在一楼,条件很差,不安静,也不卫生。那人见苏格拉底还是快乐的样子,就好奇地问:"你住这样的房间,也感到很高兴吗?"

"是呀!"苏格拉底说,"住一楼有不少便利之处啊!你看,进楼就是家,不用爬楼梯;搬东西很方便,不必费很大的劲儿……特别让我满意的是,可以在楼前楼后的空地上养一丛一丛的花,种一畦一畦的菜。"

后来,那人见到了苏格拉底的学生柏拉图,问他说:"你的老师总是那么快乐,我却感到不太理解,他所处的环境并不是很好呀!"

柏拉图回答说:"老师曾说过,'一个人快乐与否,主要的原因不在于环境,而在于心境。心境好,在不好的环境中也能快乐;心境不好,在好的环境中也不能快乐。'由于我的老师总是拥有快乐的心境,所以他总是快乐的。"

上天会给予每个人或恩赐或考验,或困难或公平,对于这些存在的事情,我们不拥有改变的权利,但是我们能够选择用一种好的心态来面对事情。虽然心情受事情的影响,但是它毕竟是主观的,是可以受我们意志支配的。有好心情自然快乐无穷。

2

一位女作家在纽约街头逛街,中途遇到了一位卖花的老太太,老太太虽然穿得破破旧旧的,脸色看上去也十分虚弱,但她的脸上洋溢着笑容,显得十分喜悦。女作家停下脚步,从花篮里挑了一朵花,问道:"为什么你看上去这么高兴呢?"

老太太回答说:"有什么不高兴的吗?一切都这么美好。"

"你很能承担烦恼。"女作家又说。

而后,老太太的话让女作家大吃一惊:"星期五的时候,耶稣被钉在了十字架上,我知道那是世界上最糟糕的一天。不过再过三天,就到了复活节。所以我想,如果我遇到了不幸,我只要等上三天,一切就都会恢复正常了。"

事实就是这样,当你以一种豁达、乐观的心态面对生活时,眼前就会光明一片。相反,当你被悲观忧郁的思想囚禁时,未来就会变得黯淡无光。人生本无所谓得失,你心情的好与坏,取决于你的心态。

我们无法改变生活,但是我们能够改变自己的心态,心态变了,别人对你的态度就会变,你做事情的态度也会发生改变,那么事情的结果也会相应发生变化。当你微笑着看世界的时候,世界就是阳光灿烂的。

在日常生活中,我们经常会被各种烦恼所困:工作不好,没钱或没房,先进评比没份,受冤枉挨批评等。遇到这些事情,心情不好是正常的,可是如果这时我们能够保持快乐的心境,内心想得开,就能够更为妥善地解决这些事情。相反,如果想不开,从而陷入气愤的情绪当中,言行举止就会变得反常,甚至开始只是一点小事,最后搞成大事一桩,使得自己的人品降格,人际关系也因此受到损失。

人的心情总是会受到事情的影响,很多时候我们是在做心情的奴隶。任何人都不会一帆风顺。很多时候,遇到的各种问题会让人身心俱疲,深陷其中。

此时,最需要做的是调整好心态,我们永远无法控制将来要发生的事情,比如生老病死、挫折失败以及各种不幸的降临等,但是我们永远可以选择自己的心情。无论如何,常用良好心态对待生活,也许一切都会变得简单、从容,快乐就会如影随形。

3

有一位虔诚的佛教徒,她每天都从自己的花园里,摘下最鲜艳的鲜花到山上的寺院供佛。有一天,当她一如往常地将花朵送到佛祖前面时,正好遇到了寺院住持明德禅师从法堂走了出来,明德禅师看到这个妇女后,欣喜地对她说:"你每天都这么虔诚地以鲜花供奉佛祖,三年来从未间断过,依照经书的记载,常以鲜花供佛者,来世定当得庄严宝相的福报,而你的今生也会过得十分顺利,无忧无愁。"

　　佛教徒听后十分高兴，对明德禅师说："这是我应该做的。我每天只要一来到寺院，就会觉得内心一片宁静，十分空灵，似乎凡尘俗世都离自己远去，每一次来到寺院，我的心灵都像是受过了洗礼一般。但是一回到家中，我就又觉得烦躁不安，心中生出很多的烦恼。大师，我作为一个普普通通的家庭妇女，如何在喧嚣的尘世中保持一颗平静的心灵，让烦恼离我远去呢？"

　　明德禅师没有回答她的话，反而问道："施主，我见你常常以鲜花礼佛，相信你对于如何饲养花草一定有一些自己的见解，那么我现在问你，你是怎样保持花朵新鲜的呢？"

　　佛教徒回答："要想保持花朵的鲜艳，每天必须换水，最重要的是在换水的同时要将花梗剪去一截，否则花梗泡在水里的一端容易腐烂，在花梗腐烂后就不易吸收水分，这样一来，花朵就容易凋谢，无法保持鲜艳。"

　　明德禅师继续说："施主既然明白要想保持花朵的鲜艳就要将腐烂的花梗去掉，那么保持一颗纯净的、无烦恼的心灵，它的道理也是一样的。我们生活的社会就像是瓶子里面的水一样，我们自身就是装在瓶子里面的花，只有不断地净化我们的心灵，去除心灵上的烦恼，不断地将烦恼、忧愁、怨恨丢弃，才能不断吸收到精纯的养料。"

　　佛教徒听后，欢喜作礼，对明德禅师感激地说："谢谢大师的开导，希望以后还能有机会再遇到大师，聆听大师的教诲,过一段寺院的禅者生活,去除心灵上的杂质,将所有的烦恼都放下,以一个轻松纯净的心灵面对以后的生活。"

明德禅师接着说道:"只要你懂得放下,悟得何为禅,那么这世间的每一寸土地都是净土,又何须专门来到寺院生活呢？"

一个人只要自己能够将执妄放下、将烦恼抛开,那么这个人即使身在闹市,他的心灵也依然是平静的;但是如果一个人心有妄念,心中总有千万结解不开,每天都愁眉不展的,即使他身处在深山古寺之中,也会被烦恼这剂毒药困扰,无法保持心灵上的平静。只有让自己的心灵平和下来,将所有困扰自己的烦恼通通抛开,人们才能达到菩提的境界,才能获得内心的一片清凉。

人生就像天气一样,有阴有晴。一个善于将烦恼抛弃的人,就像是太阳一般,总是给人带来希望,带来光明,在他的周围充满了欢乐。而一个心中时时充满了烦恼的人,就像是乌云一般,既遮蔽了别人,又让自己陷入一片阴霾当中,他看不到人生的光亮,任由自己在一片黑暗中沉沦,毁灭。

实际上,很多时候,人们都不必为某件事而烦恼,只要换一个角度思考,就可以将坏事变为好事,将缺点变为优点。一旦人们能够将烦恼放下,就会发现自己充满了活力与朝气,自己也变得开心起来,同时还感染了他人。

请停止兜售你的焦虑

　　欢喜与哀愁在产生之初，都是同等分量的，并不会有多有少，只是因为每个人的心态不同，从而导致了分量失衡。因此，在生活的过程中，要懂得用好心情来平衡坏情绪，用新的快乐去弥补旧的伤痛。

1

　　小镇上一家酒吧里，灯火通明，喧声四起，一群衣着光鲜的绅士正围坐在吧台边上，一边喝着威士忌，一边谈论着生意上的事情。

　　"够了，够了，这样的日子简直像受刑，我受够了！"一个以制作各式各样成衣为生的商人抱怨道。不景气的经济、日渐低迷的生意，令他终日愁眉不展、郁郁寡欢，他的双眼布满血丝，经常失眠。"怎么了，朋友？"众人问。

　　"真叫人痛苦不堪……"成衣商说。

　　一位朋友看在眼里，不忍他这样被烦恼折磨，就安慰他："别急，你的问题没有什么大不了的，我给你想一个好办法，如果以后你还睡不着，不如静下心来，数一数绵羊，这样等你数累了，自然就可以休息了。"

"嗯，是个不错的办法，朋友，亏你想得出来，我回去就试一试。"成衣商道谢而去。

"老兄，你的办法一点也不灵验啊，你看看我现在，精神更加不好了，病情也似乎更加严重了！"三天后，成衣商再次在酒吧里遇到给自己提出建议的朋友。

"不会吧！"朋友看着他更加红肿的双眼，十分疑惑，问道："你是按照我的话去做的吗？"

"那还用问吗？老兄，我肯定是按照你说的话去做的呀！不仅如此，我还数到一万多头呢！"

"我的上帝，老兄，你没跟我开玩笑吧！居然数了那么多。你不可能，也不应该一点睡意都没有啊！"朋友吃惊地问。

"是的，刚开始的时候，我是有些困意了，可是我一想到一万多头绵羊那将会有多少羊毛啊，如果不剪，那岂不可惜了？"

"那剪完不就可以睡了？"

"你哪里知道，这一万头羊的羊毛所制成的毛衣，要去哪儿找买主啊，一想到销路，我就更睡不着了。"

2

有一个故事说是有一个村庄，村庄里住着一位财主,名叫鲍弟拉姆。鲍弟拉姆的父辈留下了很多财产，他家的土地也非常多，可是村庄里的人都称他为"吝啬鬼"，因为哪怕是遇到十分紧急的事情，就算是让他花一份小钱，他也会十分不开心。

鲍弟拉姆每天想的事情就是如何才能拥有数不尽的财富，从而也能让他的子子孙孙享受无穷的金银财宝。

有一天，村子里突然来了一位修道的圣人，鲍弟拉姆听到附近的村子都在传说这位圣人能够满足每一个人的任何愿望，从不落空，他这下可高兴坏了，因为他认为自己的愿望马上就要实现了，他就要拥有数不尽的财富了。于是，鲍弟拉姆去找了圣人，说了自己的愿望，圣人听后，顿了顿，问了问鲍弟拉姆家中的情况。

鲍弟拉姆把自己的情况跟圣人一五一十地说了，圣人点点头，微笑着说："鲍弟拉姆先生，我能够实现你的愿望，不过有一个条件。"

鲍弟拉姆愣了一会儿，他在想难道圣人想要钱，不过为了拥有无穷尽的财富，鲍弟拉姆鼓起勇气，问："请问是什么条件？请您说吧，我一定照办。"

圣人说："鲍弟拉姆先生，你家附近住着一户穷苦人家，对吧？家中呢，只有母女二人，明天请你为她们送去一点粮食。"

鲍弟拉姆松了一口气，不过是送一点粮食，不用耗费多少金钱,不是一件难事,于是就欢天喜地地回了家,心中想着明天就能拥有很多财富了,特别激动。第二天一早,鲍弟拉姆沐浴更衣,拿着一袋粮食到了那户穷人家中,那对母女正哼着小曲,手里干着活,谁也没有注意到鲍弟拉姆走了进来。

过了一会儿,鲍弟拉姆说:"请收下这些粮食吧,你们今天的食物就不用发愁了。"

母亲摆了摆手:"兄弟,谢谢你,不过我们今天有粮食吃,谢谢你的好意,我们不需要,请你拿回家去吧。"

"可是过了今天还有明天啊,你们可以留着明天吃。"鲍弟拉姆强调。

母亲又说:"兄弟,明天的事还没有来,我们不担心。天无绝人之路,上天不会让我们饿死的,我们可以靠自己的双手养活自己。"说话,继续哼着歌忙自己的事。

听了这位母亲的话,看着母女俩其乐融融的样子,鲍弟拉姆感到惊愕,而后仿佛明白了什么,这户穷苦人家什么财富也没有,可是她们却过得很快乐,也从不为明天感到担忧,可是我自己呢?整天都在为自己的子子孙孙担忧。

鲍弟拉姆又去找了圣人,郑重地向圣人行了礼,说:"非常感谢您,是您给了我钥匙,开启了我的快乐之门。活在这个世界上,如果一直为明天感到担忧,是永远没有办法快乐的。我明白了。"

3

　　没有人喜欢忧虑和不安全感，因为这与人类本能的自我保护是相悖的。然而忧虑就像天上滴下来的雨水，是你无法抗拒、无法阻止的，你唯一能做的，也许就是找一把伞把自己保护起来，不让忧虑近身。

　　仔细想想，每一个人曾经忧虑的明天不就是当下正在经历着的今天吗？既然这样，不如在忧虑时问问自己：我忧虑的事情真的会发生吗？

　　要知道很多事情都是无解的，因此不能把自己的思维逼进一个死角，如果明知道是个死角，却还要不依不饶地往里面撞，就好像一只飞蛾，拼了命地往灯光冲去，只会白白无故付出自己的性命。因为某个念头，而把自己纠缠在一个走不出去的迷宫中，自我折磨，难道不会发疯吗？

　　生活在这个纷繁复杂的世界里，有时也需要及时开导自己，消除不必要的烦恼，让自己在绝望中看到希望，在黑暗中看到曙光。

　　人的一生都不免遇到各种令人烦心的事，然而，不同的人在遇到相同的问题时，有着不同的态度和解决办法。面对困难，乐观的人往往一笑置之，并迅速去寻找解决办法；悲观的人，只会像热锅上的蚂蚁一样慌乱，找不到方法。

　　聪明的人都知道，遇事沉着冷静更容易迅速解决问题，走向成功。这句话的意思是,如果我们都能够在生活中遇到的忧虑上标一个"到此为止"的标签,我们会发现成功原来如此简单、生活原来如此快乐!

你和梦想之间,只差一个自我

因为喜欢,所以快乐,沉醉其中乐此不疲,金钱和名誉,都是可有可无的附加值。若是束缚太多,无法做自己想做的事,久而久之一定会身心疲惫、无所适从。

学会让自己换一种活法,保持淡定,不为他人的言语和决定而改变自己的意愿,人生自会惬意无比。

1

小时候,她不喜欢跳舞,可在父母的严厉要求下,她还是硬着头皮学了。这一跳,就是15年。

高考时,她想报考旅游英语,在家人的强烈反对下,她还是听了母亲的话,上了一所护士学校。后来,在市区的一家医院做了一名护士。

工作后，她交了一个军官男友，父亲却不同意。抵抗不过父亲的百般阻挠，她最终还是妥协了，在亲戚的介绍下和一个医生结婚了。

结婚后，她和丈夫本来有自己的一套房子，可公婆非要他们搬过去一起住。她知道婆婆是个挑剔的人，本不想每天住在一起，怕生出什么矛盾，自己不开心，也惹得婆婆生气。可经不住老公的劝说，她还是强颜欢笑地和公婆住到了一起。

在别人眼里，她是幸福的。多才多艺，样貌出众，嫁了一个家境好的老公，还有公婆帮忙料理家务……这样的生活，多少女人求之不得。可是，她内心的苦楚又有谁知道？

30岁生日的那个深夜，她想到自己过去的这些年里，似乎每一次重要的决定，都是别人替自己拿主意。这人生，仿佛不是她自己的。那个做义工行走世界的梦想，那个曾在雨中为她撑伞的恋人，一切的一切，都成了无法触摸的梦……她背对着丈夫，流下了一行行眼泪。在咸咸的泪水中，她突然做了一个重要的决定：换一种活法，做自己想做的事，去自己想去的地方。

2

有一位诗人，每天都在苦恼一件事情，他觉得自己尽管已经很有名气了，但是他有相当一部分的诗作从未发表过，并且，也没有人欣赏这些诗作。

烦恼不止，诗人只好去找他的朋友，朋友是一位禅师。听完了诗人的烦恼，禅师淡然地笑了笑，也不回答，而是指着不远处的一株植物说："你知道那是什么花吗？"

诗人看了一眼，回："夜来香吧。"

禅师点点头："是的，那就是夜来香。之所以叫夜来香，是因为它只在夜里开花，散发香味，你知道这是为什么吗？"

朋友摇摇头，说不知道。

禅师笑了笑，说道："很少有人会注意在晚上开花的植物。夜来香开花，只是为了取悦自己，而不是要取悦别人。"

"取悦自己？"诗人若有所思。

禅师继续说道："大部分的植物都喜欢在白天开花，散发香味，有很多是为了吸引别人的注意力，得到他人的赞赏。夜来香不一样，它选择在没有人会注意的夜晚开花，只是遵循了自己的快乐。你是一个诗人，难道不如一株夜来香吗？"

看着诗人陷入沉思的表情，禅师继续说："很多人做的事情，都是在做给别人看，希望得到别人的欣赏，好像不这么做，自己就没有办法快乐。可是我们为什么要让别人掌握着让自己快乐的钥匙呢？很多事情，我们做事情的目的应该是为自己。一个人，只有取悦了自己，才能把握自己；一个人，只有取悦了自己，才能提升自己；一个人，只有取悦了自己，才能让自己优秀的一面感染周围的人。夜来香在夜里开放，虽然很少有人注意，但却有很多人伴随着夜来香的芳香入睡。"

诗人恍然大悟，用力地点点头："是啊，一个人，应该为自己好好活着，度过有意义的一生，而不是活给别人看。谢谢你，我懂了。"

3

日本医师大津秀一，在多年行医的经验基础上，在亲自听闻并目睹过1000例病患者的临终遗憾后，写下《临终前会后悔的25件事》一书。其中，有很多条都涉及"没有做自己"，比如——没做自己想做的事；被感情左右度过一生；没有去想去的地方旅行；没有表明自己的真实意愿；等等。

说到底，人之所以会做保守的选择，是因为怕失去，但想想看，我们离开这个世界的时候为什么会后悔？因为我们什么也带不走，若是曾经追求了梦想，那最终至少还有回忆，而不是悔恨。人生重在体验，而不是手里有什么。你若是真的爱自己，就该为自己的梦想而拼搏，不留任何遗憾。

我们总会听到有人抱怨，如果当初怎样怎样，现在就能如何如何。可是，时间的大门一旦关闭就不可能再开启，人生就是一场单程的旅途，没有回头的路。生活太累，太多遗憾，就是因为给了自己太多束缚，不敢打破规则，追求最初的梦想。学会把自己的感觉叫醒，放开心胸，放下种种担心和顾虑，勇敢地向着梦想前进，无论别人如何看，你都可以过得很

快乐,因为这才是你真正需要的,才是真正属于你的人生,属
于你的幸福。

你的精力有限,时间要浪费在美好的事物上

人在年轻的时候, 拥有足够多的时间去创造无数种可
能,还可以为自己将来的辉煌奠定基础。所以,一个人的青春
时光决定着你后半生的命运,从而使其显得弥足珍贵,容不
得你将其浪费在那些琐碎、无聊的事情上。

1

不论我们在做什么,时间总是流淌不止,可是,只有那
些我们用来做有价值的事情的时间,才是真正属于我们的
时间。

人生几十年,看似漫长,实则转瞬即逝。那么,这有限的
生命该怎样度过,到死去的时候我们才不悔此生呢?

有一天,一个旅行者路过一片树林时,他发现树林中散
落着一些白色的石头。于是,他随手捡起了一块,发现上面写

着"阿布杜尔塔艾格，活了8年6个月零3天"。看到这里，旅行者心头一颤，原来这是一块墓碑，而这个孩子才活了8年就夭折了，太令人痛心了。他接着又拿起另一块石头，发现上面写着"xx活了4年8个月零9天"。旅行者感到惊讶、难过，他又继续看了更多的墓碑，发现时间最长也只是11年。"他们的生命真是太短暂了！"旅行者感叹，禁不住哭了起来。

也许是听到了他的哭声，一位老人走了过来。旅行者问老人："这里到底发生了什么事情？为什么这些孩子小小年纪就夭折了？"

老人笑着说："别害怕，他们不是孩子，这一切都源于我们这里的一个古老习俗。"老人继续解释说："在我们这里有一个习俗，当一个人长大到15岁时，父母就会给他一个本子，从这一天开始，每当他去做有价值的事情，比如帮助别人、为梦想努力学习等，他就要把做这些事情的持续时间记下来，当他去世的时候，我们就会把他所有花费在有价值的事情上的时间加起来，刻在他的墓碑上。"

旅行者听完，恍然大悟。

这个故事的寓意很明确，一天又一天，不论我们在做什么，时间总是流淌不止，可是，只有那些我们用来做有价值的事情的时间，才是真正属于我们的时间。

2

帕瓦罗蒂曾是世界著名的男高音歌唱家，被世人称作"高音C之王"。他被公认为是声音最具自然美感的演唱家，几乎每次演唱会的唱片销量都会超过猫王和滚石乐队唱片的最高销量。他那首《我的太阳》在中国也是家喻户晓、人尽皆知。

在成为男高音歌唱家之前，帕瓦罗蒂曾经做过小学教师。很多版本的故事都说他在教师和演唱之间难以取舍，在父亲的启发下才放弃了"脚踏两只船"的情况，选择了歌唱。然而，实际的情况却并非如此。

帕瓦罗蒂作为教师是很不成功的，他曾坦承，小学教师的经历是他的噩梦，"我无法在学生面前显示出自己必要的权威"。

他之所以做不好小学教师这份工作，是因为这份工作在他看来并不值得做好，这份职业不会给他值得期待的未来。在帕瓦罗蒂心里，当小学老师从来不是他值得做的事情，当歌唱家才是。从17岁开始，他就在为成为歌唱家而努力，在当老师的同时，他还在跟歌唱家阿里哥·波拉学习唱歌，为了能引起经纪人的注意，他也在各种免费的音乐会上演唱。不再做小学老师，并不是他在两条船里选择了一条，而是主动放弃了一项他认为不值得做的事情，从此可以专心致志地朝梦想努力。

　　有趣的是，帕瓦罗蒂自认为无法在小学生面前建立权威，然而多年以后，在英国海德公园举办的露天演唱会上，他却能让12万名观众在滂沱大雨中看完他的全场演出，其中还包括查尔斯王子和戴安娜王妃。

　　人的能力和可以调用的资源都是有限的，即使智力最高和最有权力的人也是一样。把有限的力量集中起来，做好最重要的事，才是一种明智的人生策略。那些不值得做的事，会让我们消耗无数时间和精力，但得到的回报却少得可怜，如果你能为做了这些事而有些许的自我安慰和虚幻的自我满足，那已经是难得的"收获"了。然而事实却是，这些不值得做的事，最终会让我们为耗费在它们身上的大好时光而追悔莫及。而对于我们心理上认为值得做的事和值得期待的结果，我们的态度就会截然不同。我们不仅会全身心投入，不计得失，甚至还不畏惧死亡。

　　对于什么样的事是值得做的事，这世上是没有统一的标准的。有人追求事业的成功，有人追求家庭的幸福，有人追求未来的福祉，无论哪一样，做自己认为值得做的事，从来没有人为此而后悔。

3

　　有一位来自匈牙利的年轻的男作家应邀参加一个笔会，

他四处张望,看到旁边坐着一位女作家,衣着简朴,沉默寡言,态度谦虚,看着面生。男作家顿时有了一种居高临下的姿态,既然他不认识,那女作家大概只是一名不入流的作家吧,于是他问:"小姐,请问,你是专业作家吗?"

"是的,先生。"

"好的,你发表过什么大作吗?我是否有幸拜读一二?"

女作家谦虚地笑了笑:"我只是写写小说,谈不上什么大作。"

这时,男作家确信了自己的判断,他不由自主地又摆起了姿态:"你也是写小说的?太巧了,那我们是同行了。对了,我已经出版了339部小说,你出版了几部?"

女作家依旧谦虚地回答:"我只写了1部。"

男作家露出了鄙夷的表情,冷冷地说:"好吧,你只写了1部小说。那你能否告诉我这本小说的名字?"

女作家平静地说:"《飘》。"

刚刚还十分狂妄的男作家,顿时像蔫了似的,目瞪口呆。

那位女士就是玛格丽特·米切尔,一生中只发表了《飘》这部长篇巨著。她从1926年开始着力创作《飘》,10年之后,作品问世,一出版就引起了强烈的反响——它被译成18种语言,传遍全球,至今畅销不衰。《飘》在1937年荣获普利策奖。1938年拍成电影,该电影曾以《乱世佳人》的译名在我国上映。

　　玛格丽特·米切尔的父亲曾经给予女儿这样的忠告：“每一件事都要认真地做到最好。人生不一定要做很多事情，但是，至少要做好一件事情，因为质量远比数量来得重要。”

　　玛格丽特·米切尔听从了父亲的忠告，把人生的“一件事”做得彻底，做到了极致，做到了完美，取得了惊世的成就。

　　著名心理学家加利·巴福博士曾经说过：“再也没有比即将失去更能激励我们珍惜现有生活的了。一旦觉察到我们的时间有限，就不会再愿意过原来的那种日子，而想活出真正的自己。这就意味着我们转向了曾经梦想的目标，修复或是结束一种关系，将一种新的意义带入我们的生活。”

　　当你意识到时间的宝贵，你就应该懂得如何将你的时间“浪费”在最重要的事情上。

　　人的一生总会有很多的梦想和欲望，但并不是所有的都能实现和满足，我们必须要学会选择，选择放弃一部分，心中装得太满，负重难前行。认真地思考自己最想要什么，减去并不重要的部分，从而只专注于实现一个目标，那人生的道路会走得轻松和清楚得多，你会加速自己成功的步伐，创造生命的奇迹。

第二辑

余生很长,何必紧张

你渴望步履如风一步登天看遍江河秀美,但前路漫漫,何必慌张奔走,路旁鸟语花香,抬头风柔云清,不辜负自己,莫错过流光。

一切速成都是耍流氓

要有屡败屡战的准备，也要有铁树开花的自信。内心要守得住寂寞，要抛得开功利，风吹雨打不动摇。

1

山上有一座庙，庙里有一个小和尚。有一天，庙里没了菜油，厨师吩咐小和尚下山买菜油，出发之前，厨师一边递给小和尚一个大碗，一边严厉地警告："最近庙里的财务状况并不是很理想，你买菜油的时候一定要小心，千万不能洒出来，造成浪费。"

小和尚下了山，买了菜油，走在上山的路上。才走了一步，厨师凶神恶煞的表情和严肃的告诫陆续浮现在他的脑海里，小和尚不由得感到一阵紧张，他小心翼翼地端着装满菜油的大碗，每一步都走得格外小心，眼神直直地盯着大碗，完全不敢东张西望。好不容易走到了庙前，因为眼神只盯着碗看，忽视了门口的小洞，脚一崴，人虽然没有摔倒，但碗里的菜油洒掉了三分之一。

祸不单行,小和尚想着要被厨师骂一顿,紧张地开始发抖,碗里的油又被抖了一地,最后端到厨师面前时,碗里的菜油只剩下一半。厨师见了,果然气不打一处来,指着小和尚就骂:"我不是跟你说了吗?小心小心,千万小心,你怎么还能浪费这么多油?气死人了。"

小和尚低着头,偷偷地落泪,这时候,方丈走了进来,轻声细语地说:"你再下山去买一次菜油。不过,回来的途中请看看风景,回来后,把你看到的风景描述给我听。"

小和尚诚惶诚恐地接过了大碗,心中犯怵,刚刚这么小心翼翼,菜油都洒了一半,这次还要一边走路一边看风景,估计菜油都洒光了。但方丈的命令,小和尚不能违背,他战战兢兢地上路了。

上山的过程中,小和尚记得方丈的要求,一边走一边观察沿途的风景,他突然发现这一路的景色是如此美丽,雄伟的山峰在远处矗立着,半山腰上有几个农夫在耕种,山脚下有一群孩子正在快乐地高歌。清风拂面,鸟儿欢鸣……

在美丽的景色的陪伴下, 小和尚不知不觉就走到了庙前,他一心想着把沿途的风景说给方丈听。当他把碗交到厨师的手里时,油是满满的,一点儿也没有洒出去。

急于求成的结果,只能适得其反。《拔苗助长》的故事中,农夫急功近利,导致他的苗全部死了,落得一个拔苗助长的笑话。许多事情都必须有一个痛苦挣扎、奋斗的过程,正是这个过程会将你锻炼得无比坚强并使你成熟起来。朱熹说："宁详毋略,宁近毋远,宁下毋高,宁拙毋巧。"这是对"欲速则不达"最好的诠释。

2

有一位无果禅师,为了能够参透禅理,选择深居幽谷,这一居便是二十多年。在深居幽谷的时间里,是一对母女护法供养着他。只是,这二十多年,无果禅师一直未能明心见性,他想了想,决定出山寻师问道。

听说无果禅师要走,母女俩说是想送禅师一件衲衣,希望他能够多留几日。禅师答应了,母女俩立马赶回家,着手剪裁缝制,每逢一针,就要念一句弥陀圣号。等了几日,衲衣做完了,又准备了四锭马蹄银,给禅师当路费。

禅师接受并感谢了母女俩的好意,准备第二天下山。

当天晚上,像往常一样,无果禅师坐禅养息。可是到了半夜,突然来了一个手执一旗的青衣童子,身后还跟着一群扛着一朵莲花的人,莲花很大,被扛到了禅师的面前。

青衣童子摆摆手:"请禅师上莲花台。"无果禅师听了,心中惊奇,随即又想:我修禅虽然多年,但未修净土法门。即便是修净土法门的使者,这莲花台也不可得。面前的,恐怕是一场幻境。想到这,无果禅师镇定了心思,丝毫不理睬青衣童子的再三劝说。

青衣童子迟迟不肯离去，无果禅师随手拿了一把引磬，放在莲花台上。不一会儿，青衣童子与那些抬着莲花台的人便走了。

第二天一早，无果禅师正在收拾行李，那对母女拿着一把引磬来了，问："这是禅师的东西吗？家中母马昨晚生了一个死胎，马夫将母马的肚子剖开，是这个东西，我猜想是禅师的东西，特意前来送还。只是，禅师的引磬怎么会在母马的肚子里？"

无果禅师怔了一会儿，想起昨晚发生的事，吓得汗流浃背，一袭衲衣一张皮，四锭元宝四个蹄，如果不是他昨晚的定力深，今天恐怕就成为母女家的小马了。想到这，无果禅师急忙把衲衣和元宝还给了那对母女，自己轻装启程了。

若是经受不住身边的诱惑，便会让我们慢慢淡忘甚至放弃自己的人生理想。糖果能够诱惑小孩子，游戏等能诱惑学生，食物能诱惑正在减肥的人，财富和权力能诱惑官员，而风花雪月、锦衣玉食、黄金美元、名誉地位则诱惑着世界上的每一个成年人。

当下的世界充满着热情，也充满了浮华与躁动；如今的社会充满着机会与竞争，也充满着诱惑和欲望。每一个人行走在世界当中，必须具备的也是最为重要的素质，便是定力。

3

没有人能随随便便成功,学业的成就,事业的发展,都是一个累积的过程,冰冻三尺非一日之寒,成功也从不是一件一蹴而就的事情。只有付出许多琐碎的努力,只有拒绝任何借口,只有依靠日积月累的笨方法,才有可能以势不可当的汹涌姿态走向美好的未来。

因此,想要获得成功,在生活的烦琐面前,必须戒浮戒躁。

首先,要处变不惊。回看历史的浪潮,有些年岁,始终战争纷杂,动荡不安,面对这样的时势,身处历史中的人会面临更多的危险,也会遇到更多的挑战,他们要承担的责任也就更多,因此必须处变不惊,才能在浪潮中走出一条路。历史如此,现代社会中的个人也是如此。从学校毕业后,进入社会当中,可能会遇到工作没有着落,凡事不如愿的境况,如果没有坚定的定力,则更难寻求突破,从容进取。

处变不惊,在动荡中寻找机会,寻求发展,才能够"条条大路通罗马"。

其次,要随遇而安。人与人之间是不同的,理想不同,能力不同,人脉不同,其机遇和境遇也会千差万别。每个人在社会当中的感受是不同的,有的人很满意自己的境遇,有的人不喜欢自己的境遇,而有的人甚至对自己的境遇抱有一种无可奈何的屈就感。即便有着各种各样的不同,但人生当中的一条规律却是大同小异的，也就是不管遇到什么情况，都要随遇而安。

既来之，则安之，走到自己面前的选择，无论何种，都要冷静面对，安心接受。

再次，是要洁身自好。真与假，善与恶，美与丑是社会生活不可更改的三大命题，而在纸醉金迷的现代生活中，"任凭弱水三千，我只取一瓢饮"的态度和原则才最宝贵。社交是表面上的热闹，交友才是实质里的冷静，要小心一开口就说别人坏话的人，要小心当面一套背后一套的人，更要小心遇到有关利益的事就不择手段的人。

浮躁是成功、幸福和快乐最大的敌人，要驱除在社会的影响下产生的浮躁心理，必须以淡定和坚韧的信念恪尽职守，一步一个脚印地去前进和突破。

太好了，我还有半杯水

对着半杯水，消极者会说："我只剩下了半杯水。"积极者会说："我还有半杯水！"拥有同样的东西，却有着截然不同的心态与判断。

1

有一位老师带着30个学生，去山区小学支教。

在正式出发之前，老师语重心长地说："各位同学，老师很高兴你们能够参加这次支教。从今天开始，你们要离开自己的爸爸妈妈，开始独立的生活了。山区小学的环境没有你们现在的环境好，所以你们一定会想家。但是如果你们每天都在想'天呐，我没有爸爸妈妈的照顾，真是太糟糕了'，那么你们每天都会不开心，甚至还会号啕大哭；可是如果你们心想'我终于有机会自己照顾自己了，太棒了'，那你们每天都会活得很开心，而且学到很多本领。同学们，你们更喜欢天天说哪句话？"

"太棒了！"同学们异口同声地回答。

老师欣慰地点点头："非常好！从今天开始，无论发生了什么事，我们都要从好的一面去思考，由心而发地说一句'太棒了'。举个例子，天突然下雨了，但我们在野外，而且都没有雨伞，大家不要想'太糟糕了，下雨了真讨厌'，而是要想'太棒了，我们可以淋雨了，在家时，爸爸妈妈从来不让我们淋雨，现在我们终于能够经历风雨了'。同学们，加油。"

一语中的，进山区的第二天，山区就下起了大雨。有一个漂亮女孩的鞋底突然漏了，鞋子马上就要进水了，女孩本来觉得特别倒霉，但想到老师一开始跟自己说的话，就换了个心态，她想着终于可以自己处理这件事了，不用听着妈妈的唠叨了。但思来想去没有好办法，她就跑去请教一位带队老师，带队老师先是把她的脚用塑料袋包起来，再穿进鞋子里。走了很长的路，女孩到达目的地的时候，得意地把脚伸出来，两只脚好好的，一点儿事都没有。

生活中遇到坎坷的时候太多了，轻则破坏自己的心情，重则让自己彻底失去信心，但坏事其实可以变成好事，当然好事也能变成坏事，最关键的是我们以什么样的心态去对待它。

2

在影响很多人的小说《飘》中，我们看到漂亮的女主角斯佳丽有一个习惯，每次当她遇到了一些烦恼，或者是难以解决的问题时,她总是对自己说:"我现在不要想它,明天再想好了,明天就是另外一天了。"

这个方法值得很多人学习。当一个问题出现了,你已经思考了整整一天,始终没有任何进展,最好的方法不是继续思考,而是应该暂时不做任何决定,让这个问题冷却一会儿,在冷静中自然解决。斯佳丽的"明天再想好了,明天就是另外一天了"就是一个给心灵放假的方法,当自己不被太多意识干扰,往往就是解决问题的最佳时机。

每个人的一生都是短暂的,时光如白驹过隙,也像烟花一闪而过。一辈子那么短,痛苦是过,开心也是过,那为什么不让自己活得更轻松更快乐一点呢?

面对着玻璃杯中的半杯水,心态消极的人说:"怎么办,我只剩下了半杯水。"而心态乐观的人会说:"太棒了,我还有半杯水。"面对同样的境遇,拥有截然不同的心态,也就有完全不同的判断。

3

其实,人都是一样的,每个人都随身携带着一个硬币,一面写着"太棒了",一面写着"太糟了",重要的是我们拿哪一面去面对我们的生活和事业。

时常以"太棒了"面对生活,也许并不能改变眼前的境遇,也许糟糕的始终还是糟糕的,但我们能够享受到快乐,转换心态去想办法获取成功。而如果总是以"太糟了"面对生活，则会沉浸在烦恼的忧愁当中，步入失败的泥沼里，无法自拔。

现实艰难，我们不具备改变的能力，但心情的掌控权在自己的手上。

停下，是为了走更长远的路

工作时就专心努力，休息时就充分享受，懂得工作也要懂得休息。因为正确的工作态度可不是由于工作的劳累而拖垮了身体，妨碍了工作的进度，而是应该充分地休息——为了更好地工作。

1

瑞士有一个看起来很"反常"的现象，每个人都觉得休息是人生当中最重要的权利，生活中的至理名言就是"会休息的人才会工作"。百年的和平环境，使得瑞士人早已不用再为了创造财富而终日忙忙碌碌，虽然普通大众仍十分看重工作权利,但是相较之下,他们还是更加追求休息的权利。

那么,他们休息的时候都会去哪里呢?

一位瑞士人回答道,一般情况下,普通市民下班后就直接回家,吃完饭后读读书、看看电视,然后一觉睡到大天亮,但是到了周末他们是一定会出门散散步或是锻炼身体。与国内很多现象截然不同的是,瑞士人面对休假的态度是:有假必休。如何安排休假是一年当中的头等大事,很多人往往提前一年就开始准备了,不管手头上的工作进度如何,他们都会选择及时休假,就算老板以更多的加班费作为诱惑也不心动。在度假面前,天大的事情都得延期再办。

同样,在我国古代也有"一张一弛,文武之道"的说法。在竞争日益激烈的职场上,所有人的精神都像钟表一样,上紧了发条。但是我们应该注意的是:如果弦绷得太紧,就会断裂。所以,在工作中,及时地调节自己与注意休息,才会有利于我们自己的身心健康,同时也会对我们的事业大有帮助。

在人们长期形成的固有的意识理念中,只有那些"老黄牛"们,诸如每天加班加点、工作上不计得失,"鞠躬尽瘁,死而后已"的人才最值得我们尊敬,才是我们学习的楷模。随着经济的迅速发展,人们在这样的社会背景下被鼓励着加班加点、废寝忘食地工作,那些在自己的工作岗位上累倒累瘫的工作人员还会被特别褒奖。渐渐地,社会上形成了如果不加班加点地工作就是不进取的氛围。但实际上,这种舆论倾向是一种错误的导向，它非但没有提醒人们要注意自己的身体健康，反而鼓励人们、引导人们透支生命，拼命工作。

然而工作是永远都没有尽头的，但生命却是脆弱而短暂的。只有懂得享受生活，维持健康，才能够继续赚大钱，进而更好地体验生活的本质。

2

杰克逊出去休假了，整个人好像失踪了一样，一位大客户找不到他，跑上门来拜访，杰克逊的助理很抱歉地告诉客户："抱歉，先生。经理正在马来西亚度假，请您五天之后再来吧，非常抱歉。"

客户听完之后，十分惊讶："五天？度假五天？他难道不知道自己会因此失去多少生意吗？"

"是的，先生。"助理恭恭敬敬地回答，"经理度假之前特别交代，无论发生什么事情，这五天都不能去打扰他。"

客户不甘心地问："你可以联系上他吗？我保证不谈公事。"

面对客户的再三请求，助理犹豫再三，终于打通了杰克逊的电话。不过，电话才刚刚接通，客户就大叫起来："先生，你每小时的时薪按照40美元算，一天工作八小时，如果你每个月都要休假五天，一个月就少赚1600美元，一年可就是12个1600美元，也就是19200美元。你难道不觉得亏吗？"

　　杰克逊懒洋洋地回答："如果我每个月不休息这五天,虽然能够多赚1600美元,可是如果我的寿命因此减少4年,再算一算,我可是损失了48个1600美元,也就是76800美元。你觉得我亏了吗?"

　　客户一时语塞,不知道该说什么。

<h2 style="text-align:center">3</h2>

　　当工作和生活发生了冲突,引起了矛盾时,你会怎么办呢?杰克逊先生果断地选择了休息,投身于大自然的美景当中,享受生活的无限乐趣,这样的选择无疑更加有利于工作,推动事业的发展。虽然"会休息才会工作"这个道理人人皆知,也了解硬撑着会使工作的效率降低,但大家还是不愿意将宝贵的时间"浪费"在休息上。但是通过杰克逊算的那笔账,我们应该足够清醒地认识到——把工作当成生活的全部,是多么愚蠢的行为啊!

　　漫漫人生路,只有真正懂得享受生活的人,才不枉在这世上走过一回。首先,要保证自己拥有健康的身体,以及充沛的精力去应对一切纷繁复杂的事情。并且还要注重饮食健康,讲究营养均衡,不要养成抽烟喝酒的坏习惯。其次,要保持心态的健康和稳定。大多数情况下,名利欲望、急于求成、消极悲观或者满腹牢骚等都不利于缓解紧张和疲劳。所以,下班后首先要做的就是抛开一切烦恼和压力,让身心回归安定的状态。

如果每天的生活只围绕着工作打转儿，那么生活就一定是索然无味的。因此，要做到兼顾休闲和工作，同时也要做到合理分配。工作和休闲都是生活中不可或缺的一部分，但调查结果却显示，大多数人习惯于占用原本应该休闲的时间工作，或被一成不变的工作消磨得不能自己。虽然他们的工作能力得到加强，但休闲能力却愈来愈差。最常见的表现就是：人们总是在工作时一心想要休息，但真正休息下来时却又想着工作，结果当然是两败俱伤，既没有提高工作效率，又没能充分地休息，使自己更加愉快。

如果你也深有同感，那么就请放慢生活的脚步，学会放松身心，懂得适时休息。

请给生活做减法

每个人都希望过上简单的生活，但因为欲望太多，诱惑太多，而让自己的生活承担了许许多多的东西，越堆越多。其实，我们能够减少诱惑和愿望，把注意力集中在真正重要的事情上,去做自己真正想做的事情,过上真正简单的生活。

简化生活,减少压力,轻松上阵。

1

哲学家第欧根尼在很长一段时间内,被人当成疯子。

每天一大早,第欧根尼随着太阳升起而睁开双眼,就在路边进行着早晨的洗漱与进食。先是在公共喷泉旁简单地洗了把脸,再问路人要一块面包或者几颗橄榄,蹲在路边嚼着,渴了就喝喷泉,吃饱了就拍拍肚子。

第欧根尼整天都半裸着身体,赤着脚,胡子拉碴的,他也没有工作,也没有房子,更别说家了,但他活得逍遥自在。

他认为人们总是过分讲究奢华,为了生活煞费苦心,他认为房子没有什么用处,人也不需要什么隐私。那些自然的行为并不可耻,每个人都会做同样的事情,没必要隐藏。那些类似于床、椅子等家具也不必要,动物睡在地上或者树上,都能活得健康。所以,第欧根尼的住所不是由木材做的,而是一个泥土做的储藏桶,当然这也是一个人们弃之不用的破桶。他不是第一个住在破桶里的人,但他一定是第一个自愿住在这里的人。

他还认为,大自然忘记给人类穿上适当的东西,那人类唯一需要的就是一件衣服,遮挡风雨,所以第欧根尼有一条毯子,白天披在身上,晚上盖在身上。

其实，人人都知道第欧根尼不是疯子，他是一个哲学家，人人都认识他或者听说过他。很多人会问第欧根尼一些尖锐的问题，第欧根尼也会尖锐地回答，他不仅通过创作诗歌、散文和戏剧来阐述自己的学说，更会向那些愿意倾听的人传道。因此，他拥有一批崇拜他的门徒，言传身教地进行教学。

第欧根尼还有一个著名的理论：像狗一样生活。"所有的人，都应当自然地生活。"他说，"所谓自然的就是正常的，而不可能是罪恶的或可耻的。抛开那些造作虚伪的习俗；摆脱那些繁文缛节和奢侈享受，只有这样，你才能过自由的生活。"

生活的真谛就是简单，简单到不能再简单的生活就是真正的自由。生活的凌乱会导致心灵跟着凌乱，真正的优质生活是不需要太多东西的，多了就成了累赘，费尽心思去拥有的还要费尽心思丢弃，在这样的来来回回中，会失去很多应有的快乐。

2

古人的生活是简单的，没有电，没有网络，没有手机，更没有那些时刻将我们困扰其中的电话、短信、邮件……令人羡慕，令人向往，可是如果有一天，这些令我们烦恼的东西突然从生活中消失了，我们真的会习惯吗？

崇尚简单生活的美国作家丽莎·茵·普兰特说过："当你

用一种新的视野观看生活、对待生活时,你会发现许多简单的东西才是最美的,而许多美的东西正是那些最简单的事物。"现在,人们对自然的征服已经渐渐达到顶峰,但是人们却已经很难找到内心的宁静和从容,失去了内心的真实。

虽然越来越多的人开始崇尚极简生活,却不知道该从何处下手。如何将那些诱惑从我们的生活中一点一点去除掉,还原本真生活呢?

3

第一,简化你的生活环境。

在一个简洁舒适的环境里,你可以更加安心专注于眼前的工作,而不会受到外界因素的干扰,这会使你更加高效。

先从书桌开始,将书桌上所有的东西全部移走,拿起抹布,从头到尾彻彻底底地擦洗一遍,然后放上你需要的东西。一支笔,一个日记本,一个台灯,一台电脑,一个盆栽,足矣。把那些杂物或是你不怎么用的东西要么丢掉,要么放进仓库,不必觉得可惜,因为这些你本不该拥有。

然后是你的书柜,你的衣柜,你的床,凡是不用的东西都可以归结为"杂物",那么就该让它们从你的世界消失。

此时此刻下定决心不要再让你的东西凌驾你的生活。把平衡与和谐重新带回你的家庭与人际关系中。为了不再不堪负荷,要学会放下,学着割舍,那么你将拥有更加丰富、充实、有趣且令人满足的生活。

第二，简化你的物质。

除了新闻、写实纪录节目，尽可能远离如电视机等电子设备。它是一个偷窃光阴、蚕食生命的无形杀手。许多人不知不觉浪费了许多宝贵时光在这魔匣面前，如果我们临终有机会反省一下，就知道，人生竟有十几二十年是浪费在肥皂剧上。

改变你的逛街购物习惯；不是急需品，不要急于马上去买，只把它列在清单上，待到一定数量时一起去购买，这样会节省许多时间，而且有一些想买的用品，搁置一下，后来就未必想买了。家中许许多多不切实际的物品，就是在逛街时习惯性购买的，后来就成为家中多余的摆设，甚至成为垃圾处理掉；逛街，成了许多人满足欲望的最好方式，其实他们并没有真正的购物需要，只是为了满足购买时痛快的占有欲罢了。

减少没有实际意义的交际，为的是减少"人情债"——免得浪费时间和金钱。许多虚伪的应酬，实际是谋杀生命的；我们应摆脱应酬，把时间用在实实在在需要帮助的人身上。

第三，简化你的饮食。

远离炸鸡块、汉堡等快餐食品，有节制地用餐，不要大吃大喝，做一些清淡、有营养的食品，多食素食。食素并不是痛苦的节制，而是一种清新淡雅的生活方式，不要让你的饭桌上充满吃着激素长大的家禽肉类，让简单清淡而又营养丰富的食物代替它们。还要减少每顿进食的种类，并不是种类越多，营养越丰富，有时候过于丰富的种类反而容易产生反作用。

第四，简化你的心灵。

繁复纷乱的生活使人厌烦、疲惫，像荆棘一样挤压着心灵。

淡化你的欲望，远离物欲的深渊，只要你真正过上这样的生活，你就能体会到深刻的解脱感，亲身感受到一种真实的释放体验；摆脱了许多让人心烦的缠绕。

极简生活的最终目的就是使我们的内心平静，感受到因简单而产生的幸福。

小时候幸福很简单，长大后简单就是幸福

复杂是生命的一种痛苦，简单是生活的一种美好。

无论是生活或者是感情，如果将其看得简单，便是一件简单的事；但如果我们经常忧虑，为之烦恼，当然也不能感受

到幸福。因此，少为琐事烦恼，凡事都看得开，生活自然也就简单多了。

1

一天，助手跑来找爱因斯坦，说："老师，有人请你周末去做演讲，报酬是一万美元。"

爱因斯坦停下脚步，没有丝毫的犹豫，直接说："你知道的，我周末有安排，没时间去演讲。"

助手知道，爱因斯坦每个周末都会给一个正在读初中的小女孩苏菲辅导数学，于是愤愤不平地道："难道您不能少给苏菲补一次课吗？演讲的报酬可是一万美元呢。"

"不能。"爱因斯坦笑眯眯地说道，"我还想着苏菲的糖果呢。"

苏菲付给爱因斯坦的报酬，不多，就是把自己的糖果分一半给爱因斯坦。就这一半的糖果，居然就让爱因斯坦这位数学天才放弃能够为自己赢得更大声誉、赚得更多报酬的讲座、报告或者其他社会活动，也要风雨兼程地去为她辅导数学。

"她的糖果真的这么甜吗？"助手也很好奇那个爱因斯坦偶然认识的，且不知道爱因斯坦是谁的小姑娘。

过了周末，爱因斯坦满面春风地回来了，助手又忍不住好奇，问他怎么这么高兴。

　　爱因斯坦笑眯眯的，自豪地说："周末的时候，苏菲告诉我，老师夸奖她了，因为她的数学有了不小的进步，说她找了一位非常优秀的家庭教师。苏菲特别高兴，把她那天所有的糖果都给了我，我觉得开心极了。"

　　爱因斯坦也把这件事写在了日记里，他说苏菲那一天送他的糖果，哪怕只是拿在手里，只是看着，心里也会产生一股甜滋滋的味道。看得出来，这件事不仅给爱因斯坦带来了很多快乐，而且是一份非常珍贵的财富。

2

　　从前有一个国王，他只有一个儿子，所以国王特别疼爱他。可是，这个王子拥有一切，每天却总是郁郁寡欢，站在阳台上看着远处，不知道在想什么。

　　国王心疼地问他："儿子，你怎么了？你是觉得还缺什么吗？"

　　"父亲，很抱歉，我说不清，因为我自己也不清楚。"

　　"你是爱上了哪位姑娘了吗？告诉我，无论是世界上最强大的国王的女儿，还是贫困的农家女子，我都能够帮你解决。我会安排你们结婚的。"

　　"不是的，父亲。我没有爱上哪位姑娘。"王子低沉地说。

　　国王想了很多办法，想让儿子开心起来，音乐会、舞会，甚至各种各样的戏剧，都没能让王子变得开心，王子越来越沉闷。眼看着王子脸上的血色一天天地消退了，国王十分着急，发出诏令，从世界各地请来了最有学问的人，其中有哲学家，还有教授。

这些人见了王子后，仔细思考了一下，跑去跟国王说："国王，经过大家的意见，我们认为必须找到一个非常快乐的人，这个人还不能有烦恼，也没有欲望，然后让王子跟他交换一下衬衫，就可以了。"

当天，国王就派出使者到世界各地寻找这个快乐人。

一个神父被带了回来，国王问他："你快乐吗？"

"很快乐，陛下。"

"那好。你愿意成为我的主教吗？"

"那可太好了，陛下！"

"出去！快出去！我找的是一个安于本分的幸福的人，而不是一个不满于现状的人。"

国王只好等，等着一个真正快乐，而且没有任何欲望和烦恼的人。后来，国王听说邻国的国王非常幸福，也非常快乐，因为他不仅在战争中打败了所有的敌人，国家和平安稳，而且他又有一个美丽、善良的妻子，子女成群。

国王很高兴，急急忙忙派使者去问邻国国王求讨衬衫。

邻国国王接待了使者，说："对，对，我什么东西也不缺，可悲的是一个人拥有了一切，却还得离开这个世界，抛弃这一切！每次这样一想，我就深感痛苦，夜不能寐！"使者一听，觉得还是回去吧。

国王一筹莫展，只好去打猎散心。他射中一只野兔，以为可以抓到它了，可没想到，野兔一瘸一拐地逃走了。国王便在后面追了过来，把随从都甩在后边老远。追到一处野地，国王听见有人在哼着乡村小调。国王停下来，想：这么唱歌的人一定是个快乐的人！就循着歌声钻进了一座葡萄园，在葡萄藤下他看到一个小伙子边摘葡萄边唱着歌。

"您好，陛下，"小伙子说，"您这么早就到乡下来了？"

"小伙子。你愿意让我把你带到京城吗？你可以做我的朋友。"

"啊，啊，陛下，不愿意，我一点也不想去，谢谢您。就是让我做教皇我也不愿意。"

"那是为什么，像你这样一个棒小伙子……"

"不，不，跟您说实话吧，我觉得现在的生活很快乐，我很满足。"

国王想：我总算找到了一个幸福的人啦！"年轻人，你帮我一个忙吧。"

"陛下，只要我能做到，我会全力以赴的。"

"你先等等。"国王欣喜若狂，跑着去叫那些随从，"快过来！快过来！我的儿子有救了！我的儿子有救了！"然后他把随从们都带到了小伙子这里，说："小伙子，你想要什么我都会给你！但你给我，给我……"

"什么东西，陛下？"

"我的儿子就要死了，只有你能救他。来，你过来！"国王抓住小伙子，解开他外衣的扣子。突然，国王僵住了，手耷拉了下来。

这个快乐的人没有穿衬衫。

在这个故事当中，不难发现，简单并不是指清心寡欲，也不是在人生中退缩一步，而是一种至纯至美的人生境界，在清醒中保持深刻，在明智中保持理性。

曾经有一位哲学家说过："生命如果以一种简单的方式来经历，连上帝都会嫉妒。"是的，简单才能"减负"，只有变得简单点儿，不需要花费心思去依附权势，也不需要竭尽全力去贪图富贵，更不用斤斤计较于他人对自己的评价。

想笑就笑吧，想哭就哭吧，活得简单点儿，别在意那些纷繁复杂的琐事，别让自己的生活被现实的枷锁绊住前进的脚步。

3

其实，快乐是一件很简单的事，它与金钱的多少并没有关系。富裕的人过着富裕的生活，体味着富裕的幸福；但贫乏的人也能够过着贫乏的生活，体味着贫乏的幸福。没有一个人的幸福需要用金钱来装饰和渲染，没有一个人的幸福能够被剥夺。

　　用物质堆砌而成的装饰，显得虚伪，只有精神上的快乐和幸福，才显得更为真诚、纯粹，也更容易打动人心。无论是富贵或者贫穷，都可以变得快乐，都可以过得幸福。一箪食，一瓢饮，只要内心觉得舒服，只要内心感到满足，快乐和幸福自然会来到身边。

　　很多时候，人们对于幸福，总是不够自信，要么弄不清楚什么叫作真正的幸福，要么觉得自己距离幸福还有很大的距离，所以总是绞尽脑汁，想尽办法去追求"看不见的幸福"。然而，这样的竭尽全力除了让原本简单的生活变得极其复杂，让内心充满忧虑之外，并没有太多的好处。

　　幸福并不遥远，它时刻都围绕在我们的身边，只要我们减少一些对物质的追求，学会让自己的内心得到满足，让生活本身回归简单，就能紧紧地抓住幸福。

　　我们难以更改复杂的生活，唯一能做的是选择一种简单的生活方式。如果一个人太过在意生活中的琐事，生活就会变得复杂；如果一个人把所有的事都看得简单，生活自然也会变得非常简单。将万事看得淡一些，不要为自己的生活添加太多华而不实的点缀，那些只能成为生活的负累。

天要下雨娘要嫁人，随他去吧

这个世界上没有任何事情比杞人忧天的烦恼更可怕了。有一句老话说："天要下雨娘要嫁人，随他去吧。"既然忧虑无济于事，多想不如不想。

1

从前有一位年轻有为的外企白领，家庭也十分幸福，妻子在一家教育机构当英语老师。后来，因为工作变动，举家到了深圳。经过五年的艰苦奋斗，他从别人口中的外地打工仔，摇身一变成了企业精英。更令人自豪的是，事业上的成功只是一部分，他还在深圳全款购买了一套房子。所有的一切看起来都很幸福，但他每天总是皱着眉头，十分烦恼。问起原因，原来他总是活在一种危机感当中，他每天都在思考，如果将来失业了可怎么办？或者如果现在就职的企业发展前景不好，利润不足怎么办？以及如果后续自己辞职单干，创业的资金从何而来，未来要如何才能发展得更好？一系列的问题让他每天都坐立不安。

小林最近也翻来覆去,导致精神都十分恍惚。小林年前开了一家餐厅,生意其实还不错,但是她总是担忧这担忧那,有时候担心店里的生意会突然不好,有时候担忧顾客对自己的服务不满意,有时候又担心隔壁开的新餐厅会抢走自己的顾客,有时候又担心天气不好顾客没心情出门,天气太好又担心顾客到处去玩,不来店里消费……每一天都在这样的困扰当中,惶惶不可终日。丈夫劝小林不要多想,但是惶恐似乎成了一种习惯,搞得自己疲惫不堪,就好像是一只迷途的羔羊,茫然地四处寻找,却不知道自己到底丢了什么。

小陈最近也是这样,但他的担忧很具体,他怀疑自己得了什么不治之症,于是跑去找医生。医生细心地询问他有什么症状,他说没有任何不舒服。医生又询问:"那你最近的食欲怎么样?"小陈也说很正常。医生好奇地问:"那你认为自己得了癌症的依据是什么?"小陈满怀担忧地说:"我就是听说癌症初期没有任何症状,我现在就是啊。"

世界上存在着很多诸如以上三个人那样的情况,他们的存在证明了一个道理:烦恼的产生不是因为别人,而是自己想得太多。

2

听过一个故事,说有一个年轻人,每天都很烦恼,怎么也解决不了,于是跑去向智者倾诉,希望能够解决自己的烦恼。

可是年轻人吧啦吧啦地说了很久，智者却一句话都不说，只是笑着。等年轻人把所有的烦恼都说完了，智者才开口："来，我帮你挠一下痒吧。"

年轻人有点不开心，说："智者，我不需要挠痒，我需要您帮我解决烦恼。我的烦恼与挠痒有什么关系呢？"

智者点点头，说："有很大的关系呢！"年轻人见智者坚持，也不好意思拒绝，就掀开了衣服，让智者帮自己挠痒，可智者只是随便挠了一下年轻人的背，就再也不理他了。过了一会儿，年轻人突然觉得自己的背上有一个地方发痒，他对智者说："能麻烦您帮我挠一下吗？"

智者在年轻人的背上挠了一下，不过，才刚刚挠完，年轻人又觉得背上的其他地方也痒了起来，他只好又找智者帮忙挠痒。就这样，此起彼伏的，年轻人请智者帮忙挠了一上午。

年轻人临走之前，智者问："你现在还觉得烦恼吗？"

年轻人这才反应过来，原来自己是来解决烦恼的，但整个上午，他都在请求智者帮自己挠痒，居然把所有的烦恼都忘记了。

年轻人摇了摇头，说："不感觉烦恼了。"

智者点点头，笑着说："年轻人，烦恼就像是挠痒。其实你本来不觉得痒，但是如果你闲着没事，去挠了挠，挠一下就痒了，而且越挠越痒。烦恼也是一样，原本其实没有烦恼，但因为闲来无事，多想了一些令自己觉得烦恼的事，于是你就停不下来了,越想越烦恼。"

年轻人犹如醍醐灌顶。

智者又说:"一个整天忙碌的人,烦恼是不会去找他的。烦恼最喜欢去找那些闲着没事的人。"

3

从前有一个年轻人,跑去找他的老祖父,因为他知道老祖父很有智慧。祖父问年轻人发生了什么事,年轻人说因为已经到了服兵役的年龄,结果被分配到了海军陆战队,这是最艰苦的兵种。年轻人非常忧虑,整天茶饭不思,总是为未来要经历的事感到恐惧。

老祖父对年轻人说:"孩子,被分配到海军陆战队其实没什么值得担忧的,因为到了部队里,你还是有两个机会,一个是被分配到内勤职务,另一个才是被分配到外勤职务。如果你被分配到内勤职务,就完全不用担忧了。"

"可是如果我被分配到了外勤职务呢?"年轻人依旧忧心忡忡地问。

老祖父又说:"那你还是有两个机会啊。一个是留在本岛,另一个是被分配到外岛。如果你被分配在本岛,也完全不用担忧啦。"

年轻人还是一脸的低沉:"可是如果我很不幸地被分到外岛呢?"

老祖父又说:"那你还是有两个机会啊。一个是待在队伍后方,另一个是被分配到前线。如果你留在后方位置,也根本不用担忧。"

年轻人依旧不乐观,忧心地问道:"如果我被分配到队伍前线呢?"

老祖父又说:"那你还是有两个机会,一个是被分配站岗,直到平安退伍,另一个是遇上意外事故,受伤。如果你只是站岗,最后平安退伍,这有什么值得担忧的呢?"

年轻人仍不放心地问道:"可是如果我遇到意外事故,受伤了,怎么办?"

老祖父说:"那你还是会有两个机会。一个是受了轻伤,队伍把你送回到本岛,另一个是受伤严重,无法被医治。如果只是受了轻伤,也没有什么好担忧的。"

年轻人变得更恐惧了,颤抖着声音问:"如果……如果我非常不幸,受伤严重呢?"

老祖父忍不住笑了起来,轻松地说:"如果你受伤严重,不能被医治,那可真的没有第二个机会了。不过,人都死了,你还忧虑什么呢?我想,到时候忧虑的人应该是我,我一个老年人,要送我的宝贝孙子离开这个世界,真难过。"

其实,现代人之所以烦恼焦虑,并不是真的遇到了无法解决的事情,而是因为"想得太多"。

俗话说:"忧能伤人,愁能杀人。"生活本来就不可能如我们的想象中那般完美幸福，相反，它充满了酸甜苦辣，充满了悲欢离合，以及许许多多的忧虑。

忧虑来源于我们对生活的不满足，来源于我们对未知世界的恐惧，来源于我们对自身的不自信。很多烦恼本身并不存在，但因为身处社会的我们想得太多，就会担心那些原本不会发生的事情，对那些根本不存在的问题无病呻吟，以至于到了最后，任何情况都有可能造成自己的忧虑，不仅让自己深陷绝境，也危害了自己的身心健康。

那些想得太多的人，因为内心背负了太多东西，难过、忧愁、担心、烦恼和哀伤等各种各样的情绪缠绕在心头，所以很难真正体会到人生的乐趣。每个人的情绪都是一根弹簧，如果总是以各种忧愁等消极情绪去拉扯它，这根弹簧总有一天会被拉扯断。

不要想得太多，不要担心一些没必要担忧的事，不要把不曾发生的事在脑海中一遍又一遍地思来想去。其实，转念一想，就算事情真的发生了，想得再多又有什么用呢？

第三辑
春风十里，不如你

谁都有自己的做人底线，若放低底线，去迎合别人，这多痛苦啊。

每个人的人生，最要紧的不是讨好别人，而是善待自己。

当你足够强大，你何必管别人怎么看待你？

你管别人怎么想？

在这个时代,我们不可能独立地存在于这个社会中。可是我们不能因为这些, 就让别人的议论成了生活的风向标。总是记得别人的议论,这是没有主见、没有自信的表现。它不但会影响我们的生活、学习,长此以往,还会让我们的心态更加消极,更有甚者,我们不敢自己寻找未来,而是从别人的眼中寻找未来。

1

费曼是美国的科学奇才,他的妻子性格开朗,总是善于从一些小事中寻找生活的乐趣,所以,他们的婚姻生活很幸福,一直是身边朋友羡慕的对象。

有一次,费曼去了普林斯顿,妻子给他寄去了一盒笔,笔上写了一行金色的字:"查理亲亲!我爱你!"借此表达自己的爱意。

费曼很喜欢这份礼物,不过他转念再想,如果自己用这支铅笔,跟朋友讨论问题,不小心把笔忘在别人的桌上,被别人看见了这行字，会怎么想？想到这，费曼就觉得不好意思，但当时经济条件不好，他又舍不得浪费，所以就刮掉了一支笔上的字，才拿来用。

第二天上午，费曼又收到了妻子寄来的信，信中的开头写着："你是不是想把笔上的那行字刮掉？难道你不因为拥有我的爱而觉得光荣吗？"信的结尾用特大号字写着："你管别人怎么想？"读完了信，费曼觉得十分震惊，自言自语道："我为什么要管别人怎么想呢？人生是自己的，生活也是我自己的，我为什么要这么在意别人的目光？"

妻子的一句话，给了费曼醍醐灌顶的启发，他决定以《你管别人怎么想》为书名，写一本讲述自己一生经历的书。在这本书中，他记述了和妻子的感情、生活逸事和他自己在科学上的重大突破。

2

人生短暂，需要我们把握的东西有很多，如果你的人生总是不停地按照别人的要求来做自己，很显然，这样的人生是没有意义的。要知道，在人生道路上，我们只是别人眼中的一道风景，过了，就会很快地被人忘记。当你付出太多的努力来达到别人眼中的完美，别人也许已经丧失了关注你的兴趣。所以，不要过多地纠缠于别人的评价中，要学会做自己的主人。

美国著名女演员索尼亚·斯米茨曾经在加拿大渥太华郊外的一个奶牛场度过了自己的童年,她在奶牛场附近的一所学校读小学。

有一天放学后,索尼亚·斯米茨哭着回到家,哭得十分委屈。父亲耐心地询问她原因,她断断续续地讲了在学校发生的事,班里有一个女生说她长得丑,还说她跑步的姿势十分难看。父亲听完后,笑了笑,严肃地说:"我能摸得着我们家的天花板。"

哭得满脸花的索尼亚·斯米茨听到这,立马停住了哭声,惊奇地睁大了眼睛:"你说什么?"

父亲又认真地重复了一遍:"我说我能够摸得着我们家的天花板。"

索尼亚·斯米茨抬头看了看天花板,高度起码有4米,但父亲的身高不到2米,怎么可能摸得着天花板呢?索尼亚·斯米茨摇了摇头,表示不相信。父亲又笑了,洋洋得意地说:"你不相信吧?那你也别相信那个女生说的话,因为有些人说的并不是事实。"

索尼亚明白了,不能太在意别人说什么,要自己拿主意!

索尼亚·斯米茨在二十四五岁的时候,已经成了一名颇有名气的演员。有一次,她准备去参加一个集会,不过她的经纪人说,因为当天的天气不好,所以这次集会很少有人参加,所以会场的气氛会很冷淡。索尼亚·斯米茨表示没关系,她仍然愿意去。

但经纪人认为，索尼亚·斯米茨才刚刚积累了不少名气，应该把时间和精力花在一些大型的有名的活动上，这样才能增加自己的名气，但索尼亚·斯米茨坚持要参加集会，因为她曾经在报纸上公开承诺过要去参加这次集会。

结果，尽管那一天是下雨天，但集会因为有了索尼亚·斯米茨的参与，聚集的人越来越多，而索尼亚·斯米茨的名气也越来越大，人气也越来越高。

过了几年，索尼亚·斯米茨离开了加拿大，去美国发展，继而闻名全球。

<h2 style="text-align:center">3</h2>

在生活当中，人人都不可避免会产生从众心理，有时候为了顾及面子，有时候是因为冲动，而失去了自己的独立判断，从而依附了他人的思想，受制于人。这其实是一种莫大的悲哀，无论什么时候，我们都要有自己的主见，自己为自己做主。

自己为自己做主，并不是指要一意孤行，而是要忠于自己的想法，相信自己的判断，不被别人的看法和议论轻易左右，不要盲目地追随别人。

拿破仑的妻子玛丽，曾经每天陷于苦恼之中。她的个子不高，体重却是玛丽莲·梦露的两倍。

身高的缺陷再加上并不漂亮的容貌让玛丽感到很难过。有一次她去美容院,美容师肯定地告诉她,不可能把她的脸变成杰作。听到这句话,玛丽恨不得钻到地缝里去。慢慢地,她不敢去公众场合,害怕别人注意到自己,害怕别人对自己指指点点。

有一天,她一个人在广场上散步,她看到了一个矮小而肥胖的老妇人。这个老妇人的脸上擦满了厚厚的脂粉,嘴唇上还涂着鲜红的唇膏,一身名牌的穿戴让她看上去十分高贵。

由于这个老妇人很胖,她手里的手杖支撑了很大的力量。突然,手杖的尖头深深地戳进了地里。当她用力地往外拔时,因为用力过猛,身体一下失去了重心,她重重地跌倒在了地上。

一下子,这个老妇人被摔得站不起来了。玛丽心想,她的心情肯定沮丧到了极点,在大庭广众之下摔倒毕竟不是一件优雅的事情。

因为自己也出过这种洋相,玛丽非常同情这个老妇人。然而,这个老妇人却做出令她意想不到的事情,她坚强地站了起来,然后对玛丽笑了笑:"瞧我不小心摔了个大跟头。"说完,还冲玛丽做了一个鬼脸。看着她离去的背影,玛丽突然意识到:没有人真正注意到你的所作所为,是你自己心里的"鬼"在作祟。

经历过这件事后，玛丽开始逐渐调整自己的心态，她决定不再纠结于别人对自己的看法，也不会再因为别人的嘲笑而闷闷不乐。这时她才领悟到：只有学会释然，学会不计较别人的看法，自己才能活得快乐，赢得别人的尊敬。

4

当我们太过在意别人的评价时，有时候会在别人的逢迎或夸奖中迷失自己，更容易在别人的议论中丢盔弃甲，很难去坚持自己的想法和判断。同时，太在意别人的评价会让我们经常患得患失，害怕一切可能会产生不好的后果。结果，自己承受的压力越来越大。每天面对着千目所视、万手所指的压力，你总会害怕别人都在注意自己的缺点或疏漏。这可怕的想法会使你退缩，失去积极主动的活力。

生活中，虚心地接受别人的意见有助于自己更快地成长，可是过分地依赖别人的意见会使我们丧失主见，意大利作家但丁说过这样一句话："走自己的路，让别人去说吧。"很多人明白这个道理，但是能够做到这一点的人少之又少。我们总是太过在意别人的眼光，如果有人说我们的衣服难看，我们第二天就绝不会再穿；当别人说你的声音不够甜美，那么你就会很少说话。做完一件事，我们总是依靠别人的评价给自己打分，别人的看法会被我们牢牢印在脑海之中，好的评价总会让我们心情愉悦，而那些不好的评价则会给我们的生活带来无尽困扰。

如果不付诸实施，我们很难验证一个想法正确与否，因此，与其一味地献媚别人、顺从别人，还不如把精力放在提升自己上。改变别人的看法总是很难，改变自己却很容易。我们可以参考别人的意见，但是中间的精髓一定要是自己的。

模仿他人，你永远只是一个无人赏识的赝品

每个人都是这个世界独一无二的个体，有着上天赋予的独特能力和天赋，所以我们没有必要去羡慕别人，更没有必要去模仿别人。

1

春秋时代，越国有一位美女，名为西施，即便是略施淡妆，衣着朴素，也无法掩盖她倾国倾城的美貌，因而无论是她的音容笑貌，还是她的举手投足，样样都惹人喜爱，不管走到哪里，人们都会停下来看她，惊叹于她的美貌。

不过，西施的身体不好，常常心口痛。有一天，她走在乡

间的小路上，病又犯了，她皱着眉头，用手捂住胸口，乡间的
人个个都睁大了眼睛看着她，纷纷赞叹西施流露出的娇媚柔
弱的女性美。

越国也有一位丑女子，名为东施，相貌长得难看，而且也
没有修养，平时说话特别大声，动作粗俗，但她整天都在想着
当美女，今天穿漂亮的衣服，明天梳漂亮的发型，可惜从来没
有一个人说她漂亮。

当东施看到西施皱着眉头、捂着胸口的模样都能让这么
多人称赞，她也想学西施的样子。回去练了几遍后，她就紧皱
眉头、手捂胸口地在乡间走来走去。可是，矫揉造作使得她原
本丑陋的样子变得更难看了，乡间的人看到了，有的立马关
上大门，有的拉着妻子儿子远远地躲开，个个都像是见了瘟
神似的。

东施效颦时为什么没能变得和西施一样漂亮，反而变成
了一个怪模怪样的丑女人？是因为东施不顾自身的特质，硬
是将别人的特质硬生生地搬到自己的身上。

每个人都有不同的特质。如果不顾自己的个性和特质，
硬是扭曲自己，学着别人的样子，只会把自己变成一个四不
像的丑八怪。

2

肯定自己，扮演自己，才能把自己的特色发挥到极致，生

命才能获得精彩。一味地模仿别人,是永远不能开创属于自己的一片天地的。好莱坞著名导演山姆·伍德曾经说过,年轻演员最重要的是保持自我。如果我们陷入模仿别人的怪圈中,将永远不能展现出真实的自我。

　　从前有一只麻雀,看到孔雀高高扬起的头颅,看到孔雀尾巴上美丽的羽毛,看到孔雀美丽的开屏,看到孔雀骄傲的步伐,心生羡慕,也想学孔雀的样子。麻雀心想:"如果我变成孔雀的样子,所有的鸟类都会来赞美我。"

　　为此,麻雀抬起头,伸长了脖子,深吸一口气,鼓起小胸脯,伸开尾巴上的羽毛,学着孔雀的步法,前前后后地踱着方步,也想来个"麻雀开屏"。只是,这些动作让麻雀感觉到吃力,脖子疼,脚也疼得受不了。最糟糕的是,不管是金丝雀,还是黑乌鸦,又或者是鸭子,都在嘲笑这只麻雀。

　　麻雀心里很委屈:"我受不了了。累也就算了,还要被这么多鸟嘲笑。算了,我不想当孔雀了,我还是做麻雀吧。"可是,当麻雀想恢复从前的姿势时,它发现自己没有办法正常走路了,只能一步一步地跳。

3

　　一味地模仿别人,盲目地进行尝试,有时非但不能取得成功,反而会得不偿失。

　　卓别林刚开始涉足电影圈的时候,很多电影导演都坚持要求他学习当时一个非常有名的德国喜剧演员的表演，可是，直到卓别林创造出一套适合自己的表演方法之后，他才开始在电影界小有名气。

玛丽·玛格丽特·麦克布蕾最开始进入广播界的时候，想模仿一名爱尔兰喜剧演员，但并没有什么影响，后来，她回归到自己的本色，做一个平凡的乡下女孩，一举成功，从而成为当时纽约最受欢迎的广播明星。

所有的树叶看上去都一样，而仔细观察后却发现我们不可能找到两片完全相同的叶子。人亦是如此，我们每个人都有与生俱来的特质。正是有了这种差异，我们的世界才会更加丰富多彩。总而言之，无论是在事业中，还是生活中，追求一种不适合自己的模式，想要复制成功，是不可行的，甚至会在过程中，失去幸福。

为此，努力保持自己的本色，充分发挥自己的特质，才是最明智的选择。

你的"缺点"能够成为你的"特点"

完美永远是一种美好的向往和追求,世界上永远都不会出现真正完美的人和物。有时候,看似是缺陷却会成为你的闪光点。

世界上没有完美无缺的人,每个人都是一个被上帝咬过一口的"苹果"。

1

他叫夏查·范洛,是比利时一个普通的盲人。他一直不明白上帝为何要这样惩罚他。从小时候起,他就不得不努力倾听周围的一切声响,来辨别方位,躲避危险。

夏查·范洛不喜欢过马路,因为不是他撞到别人身上,就是被一些车子撞倒,导致他总是频繁受伤。

有一次,他撞在了一辆响着铃的自行车上。这一年,他17岁。

还没等夏查·范洛站起来,骑自行车的女生就气冲冲地朝着戴墨镜的他大发脾气:"你难道看不见吗?为什么要故意

撞倒我？"夏查·范洛当时被撞得很痛，心中也窝着火，态度也
非常不好："是，我是盲人，怎么样？"

女生愣了一会儿，而后依旧很大声地说："看不见就看不
见，可是我铃按得那么大声，你难道不会用耳朵听吗？"说完，
就自己扶起自行车，走了。夏查·范洛愣在了原地，摸了摸自
己的耳朵，脑海里反复回味着女生刚刚说的话。是啊，没有了
眼睛，还有耳朵。这是上帝赐予他的和别人一样的礼物，却很
特别。因为，他的耳朵不仅是用来听的，还要代替他的眼睛
"看见"这个世界。

十几年过去了，范洛十年如一日地锻炼自己的听力，不
知道吃过多少苦，流过多少汗，受过多少伤，幸好，他一直没
有放弃，一直坚持艰苦练习。付出总有回报，他练就了天下无
双的敏锐听力，被招入了警队。

听力超群的夏查·范洛可以辨别各种不同的声音：凭借
嘈杂的汽车引擎声，他能够判断出对方驾驶的是一辆什么
车，是标致、本田或者是奔驰；当对方在拨打电话时，他能够
根据不同号码按键声音的轻微差异，得知对方拨打的电话号
码；通过电话里的声音，他能够判断出对方现在所在的位置
是在机场大厅，还是在喧闹的大街上，或者在移动的汽车内。

听力超群的夏查·范洛可以辨别不同语言发音的细微差
异，这项特质使他成为会说包括俄语和阿拉伯语在内的7种
语言的语言学家。同时，他也是一位优秀的翻译。夏查·范洛

的脑子好像是一座小型图书馆,汇聚了各种语言,他甚至自学了塞尔维亚语和克罗地亚语。

他从警的时间不长,但他利用听力的优势,屡立奇功,获得过各种奖励和荣誉,成为比利时警界"失明的福尔摩斯",也成为对抗恐怖主义和有组织犯罪的珍贵人才。

夏查·范洛就像是一位超级英雄,只是他手里握着的不是枪,而是一根盲人手杖;作为一名警察,跟随左右的不是一辆警车,而是一只导盲犬。

面对自己的视觉缺陷,夏查·范洛不再介意别人的想法,他一直跟自己说,如果能够看到光明,或许自己到老都只是一个平凡的人,而正是因为看不见,他才能听到别人无法听到的声音。

2

人有悲欢离合,月有阴晴圆缺,这样就不完美了吗?不是的。鲜花不是因为自身的香味而圆满,而是因为它经历着花开花落的过程才圆满;彩虹不是因为一时的绚烂而圆满,而是因为只有经历风雨,才能够看到缤纷的色彩而圆满。

事事追求完美,真的是一件痛苦的事,既浪费时间,也浪费精力,更会让我们在痛苦和纠结中毒害自己的心灵。

缺憾也是一种美。有了缺憾,我们才有奋斗的动力,才有坚韧的毅力,才可能找到人生的转机,成就一世的功名。山重水复疑无路,柳暗花明又一村,有时候,往往是有缺陷的地方,才会爆发出生机。

因此,与其自怨自艾,不如在缺陷中寻找生机。

3

有人说,上帝就像个精明的商人,从来不做亏本的买卖。他给你一分天才,就会搭配几倍于天才之上的苦难,这话说得一点都不假。

如果每个人的一生都是一个"苹果",有些人的苹果是完好无缺的,但有些人的苹果却被咬了一口,看似并不完整,但这也是一种恩赐。

缺陷和苦难是一种特别的恩赐,也是人生的一门必修课,没有人能够不上这门课。面对苦难,我们无法逃避,因为这是上帝赐予我们的恩惠。

人的一生总会发生一些难以预料的事请。那些追求事事完美的人不仅对自己有着严格的要求,对身边的人也十分严格,哪怕是自己或者他人的一点儿缺点和不足,他们都会无法接受,甚至因为一点不足而忽略了其他更大的优点。

人无完人,每个人都有缺点和不足。面对生活中的不完美,我们不要苛求自己变得最完美,而是要勇敢地接受那些不完美的现实,不懊恼,不抱怨,也不要放弃自己,而是要包容地看待生活中的缺憾,刻意追求完美只会让我们的生活陷入困境。

"世界并不完美,人生当有不足。"只有在轻松、满足的环境中,我们才能生活得更好,如果非要花光力气去与自然规律抗衡,最后不过是自讨苦吃。而且,那些缺憾,会让身处喧闹之中的我们更加清醒,从而更好地前进。

如何检验自己的能力? 走一段弯路

每个人都希望自己的人生一帆风顺,但这样的人生轨迹并不存在,弯路走得多了,放开心态,也能在弯路上多看一段风景。

1

蓉蓉很优秀,多才多艺,会弹钢琴,唱歌也好听。可是优秀的她高考失利了。每个人都曾以为她能够考上北大清华,但是她的分数只能够去一个不知名地方的医科大专。

她曾一度非常沮丧,但她从来没有抱怨过生活,始终从自己身边的人和事上看到和学习美好的东西。在学校里，她也像同龄人一样谈恋爱，玩儿……后来，她去医院实习，给断掉的骨头打上石膏，后来甚至还可以做开颅手术大夫的助手。再后来，她考上了法律的本科，从专科升为本科，一切从零开始。

她从不讨厌自己眼下的工作，但是她有更高的梦想和目标。蓉蓉读法律本科很顺利，可她从律师事务所辞职到黑龙江支教去了。她热爱自由而踏实的生活，她并没有走上所谓的成功之路，虽然这对一个律师而言似乎更容易些。

蓉蓉后来又去了加拿大读大学。她那么热爱人生的多样性，是我这个从小到大都过着顺利生活的人无法体会到的。

她说："我走的不是弯路，而是多看了一段风景。"

生活的强者，只关乎心灵。塞涅卡曾说："没有谁比从未遇到过不幸的人更加不幸，因为他从未有机会检验自己的能力。"如何检验自己的能力呢？走一段弯路。在弯路中，我们总是在得到与失去的交替中，在渴求与放弃的转变间，经历着痛苦，同时也感受着快乐。

2

都说，走弯路很苦，其实苦的另一面是一种恩赐，因为伴随苦难而来的往往是一种超乎常人的坚强与不屈，而这种精神才是人生在世最为宝贵的财富。

洛克从前是一个一掷千金的大商人，因为一次遭遇，经历了破产,变成了一个家徒四壁的穷光蛋。在体会到生活的冷酷无情后,他心灰意冷,想着结束自己的生命,尽快远离世界。于是,他回到了家乡。

家乡承载了洛克童年的美好时光,他认为这是离上帝最近的地方。很多次,他走在乡间小镇的路上,都很想问问上帝,为何要让他受尽命运的作弄。走累了,洛克就坐在一片瓜地旁休息。

正值丰收的季节,空气里都是果实香甜的味道。瓜农看到洛克风尘仆仆的,豪爽地请他品尝地里的瓜,洛克吃了,觉得很甜。

瓜农觉得找到了聊天的伙伴,于是叽里呱啦地讲了这几年的经历。前几年总是遇到天灾虫患,导致收成特别不好,有一年来了霜冻,果实原本马上要收获了,最终毁于一旦,整整一年的辛苦劳作都打了水漂。

洛克想到自己的经历,愣了一会儿,问:"那你怎么活下去? 收成不好,又赚不到钱,你种瓜还有什么意义呢?"

瓜农淡然地笑了笑,指了指面前的瓜田:"你看,我不是已经丰收了吗? 无论过去如何艰难,我都已经撑过来了。而且,如果没有之前几年的挫败,这一次的丰收怎么会有这么大的意义呢? 要知道,所有的经历都是有意义的,只要我没有放弃,只要我始终依靠自己的双手在努力。"

洛克如醍醐灌顶般站起来,心中的郁闷、难过、挫败,都被瓜农的一席话吹走了，他决心重新来过，用自己的双手创造属于自己的未来。五年之后，洛克成了行业内数一数二的人物，他的公司遍布全球。走过的弯路，也成了他人生中最美的回忆，他倍加珍视。

3

走弯路并不可怕，可怕的是我们纠结的内心，迟迟不肯让它过渡。我们都曾暗暗许愿：希望人生之路能够坦荡无阻，希望得到细心体贴的关怀，希望一切烦恼和痛苦都远离我们。只是，愿望没有那么容易被满足，我们始终要在这滚滚红尘中挣扎许久，让那些痛苦折磨自己，身心疲惫。

很多时候，我们不愿意面对，却又不能真正逃避。

人生路上，有很多的风景。对于很多风景，我们或者无心欣赏，或者根本就错过了，这是一种深深的遗憾。当我们为了接近一个目标，遭遇了困难，甚至付出了代价后，是否还能满心欢喜地回忆起沿途的景致？如果能，我们就是智慧的。

弯路比起星光大道更有意思。且不去说那不寻常的风景，就说脚下的路，因为有了曲折，反而可以考验我们的注意力和脚力，把这作为人生旅途的一次磨砺，不是很好吗？

面对生活中的弯路，我们需要"想得开"。想得开是天堂，想不开是地狱。我们选择自己的职业，选择自己的人生轨迹，都是出于向阳的心态，但是，职业做了几年，可能发现选错了,走了几年路,发现路是弯的,然而,回头看看,我们真的白白浪费了光阴吗?

终有一天,当我们站在人生的下一个站台回望,所有曾经承受的委屈和压力都将释然,我们会发现,那些我们所走过的弯路,正让我们学到了如何应对人生,如何面对挫折,如何发挥潜能,全力以赴。走过弯路后,我们发现,是弯路让我们的人生拥有了更多的可能。

将来的你,一定要比现在的你强

美国作家威廉·福克纳说过:"不要竭尽全力去和你的同僚竞争。你应该在乎的是,你要比现在的你强。"

当下社会有很多人走入了成功的误区,他们看到了他人的成功,因而抱着所谓的成功法则,踏着他人走过的路,小心翼翼地前进。看似靠近成功的路,却离自己的成功越来越遥远。成功是一件不可复制的事,每个人都有属于自己的方式。

1

上帝经常收到凡人渴望成功的请求,他并不知道成功是一种什么东西,于是来到人间,希望见识到成功这种东西。

遇到第一个人,上帝问他:"请问,成功是什么?"

第一个人认真地回答:"成功就是兜里有钱,成为一个富人。"

遇到第二个人,上帝又问:"请问,成功是什么?"

第二个人不假思索地回答:"成功就是有权有势,成为一个大官。"

遇到第三个人,上帝又问:"请问,成功是什么?"

第三个人回答:"成功就是有名,成为一个拥有无限风光的名人。"

三个人的回答都不一样,上帝还是没有搞明白成功是什么,于是他想着换一个方法去了解成功是什么,因此,上帝摇身一变,变成了一位妇人来到一个公园,遇到一位带着孩子的母亲。

上帝上前问:"您好,我是一个有钱人,请问您觉得我成功吗?"

母亲淡淡地说:"您是一个有钱人,看样子很好。不过,您只是有钱而已,您拥有真正的快乐吗?您幸福吗?您知道什么叫作成功吗?我在社会上是守法的公民,在公司是优秀的员工,在家中是贤良的妻子、慈爱的母亲,虽然没有您有钱,可是我过得平淡且快乐。"

上帝不说话,走远了,看到一个推着自行车的年轻人,上前问道:"您好,我是一个大官,您觉得我成功吗?"

年轻人打量了上帝一番:"您是一个大官,有权有势,挺好的。可是,您幸福吗?面对复杂的官场,您觉得自己能够控制住吗?"

上帝默默无言地走开了,这一次他遇到了一个在玩沙子的小孩,上前问道:"你好,我是一个名人,你觉得我成功吗?"

小孩摇摇头,说:"可是你不够自由啊,出门要戴墨镜,吃饭都要坐角落,像一只被关在笼子里的小鸟。可是你看我,虽然不出名,可是我很自由,放学后可以来公园玩沙子,想看书就看书,想听音乐就听音乐,等我长大了,有了工作,也可以自由安排自己的时间,与家人、朋友聚会,日子很舒适。"

2

在社会当中,经常会听到这样的对话:

一个人问男士:"你多大了?"

"30岁。"

"你买房了吗?"

"没有!"

又问:"你买车了吗?"

"没有！"

"天哪，都30岁了，没房没车的，你有出息吗？你以后怎么成家呀？"

一个人问女士："你多大了？"

"30岁。"

"找到有钱的男朋友了吗？"

"还没有。"

"天哪，都30岁了，还没有找到有钱的男朋友，以后可就人老珠黄，一辈子孤独无依了。"

几乎所有的人都把金钱看作成功的标志，按照这样的标准，世界上的大多数人都不是成功的人。而这种标准如果成立的话，它还会产生一种负面的影响。

现在很多人为了出名不择手段。

传说古波斯有一个人，叫西罗斯特拉斯，他想出名，但是他知道自己没有钱，也没有高贵的社会地位，所以出名很难。为了能够出名，他冒天下之大不韪，用一把火烧掉了古波斯最有名的神庙，然后坐在原地不动，等着被抓。

后来有人问他为什么要烧神庙。西罗斯特拉斯一本正经地说："为了出名。"

"可是有这么多出名的方式你不选，为什么要火烧神庙呢？这可是犯众怒遭天谴的大罪。"

西罗斯特拉斯满不在乎地说道："我不能流芳百世，也要遗臭万年。"

　　这个传说似乎离我们很远,却折射出现代社会为了追求出名而不惜一切代价的现实。如果成功的标准真的是金钱和名气的话,整个社会都会陷入一种危害当中。所以说,我们对成功,要有一种更全面的理解。

3

　　从前,有一位少年,他的经历十分有趣。

　　6岁时,他和一位非洲主教在玩滚球,玩了一个下午。结束后,他想到从来没有哪位大人陪他玩这么久,所以他觉得黑人是世界上最优秀的人种。

　　8岁时,他开始问父亲的朋友有多少资产,很多人被这个问题吓了一跳。

　　上小学时,他经常偷看姐姐收到的情书,一看就是一整天,从未被发现。

　　上课时,老师问他拿破仑是哪国人,他觉得这么简单的问题肯定有诈,于是回答"荷兰人",结果被老师惩罚不准吃晚饭。

　　他很没有耐心,父亲不愿意带他去钓鱼,生怕他没有耐心把自己弄疯了;也因为没有耐心,他从牛津大学肄业。

　　他天生哮喘,晚上总是睡不着觉,白天又觉得很累,这个病一直缠绕着他。

他总认为自己的智商逼近天才，但经过测试，只是普通人的正常智商。

后来，有一位伟大人物，他的故事充满了传奇色彩。

他有无数个朋友，曾经列过一个清单，上面写着50位挚友，其中包括美国国防部部长、纽约的著名律师、报刊总编以及女房东、农场的邻居、贫民区的医生等。

他一生都在冒险，大学未毕业就去了巴黎当厨师，后来去卖厨具，又去好莱坞做调查员，之后又做过间谍、广告人，晚年隐居在法国古堡。

他31岁那一年，为了帮助自己的国家，而在"二战"期间为英国情报局服务，当了几年间谍。

38岁那一年，他效仿祖父去做一位成功的商人，以6000美元起家，创办了一家广告公司，过了几年，公司年营业额达数十亿美元，成为全球顶尖。

他设计了无数优秀的广告词，至今仍在使用。

他曾说："只要比竞争对手活得长，你就赢了。"最后，他活了88岁。

其实，少年和伟人是同一个人，他就是大卫·奥格威——奥美广告公司的创始人。

把大卫·奥格威少年时期的故事和长大后的故事一一对应，其实并没有必然的联系，或许有些能够勉强联系，偷看情书的本领为当间谍做铺垫；对资产的兴趣使得他日后开了公司……可有些却截然相反,完全没有联系,年少时没有耐心却成就了事业;身体不好却长寿……

回到最初有趣的少年时代,你能判断出他长大后会成为伟大的人物吗?

世界上的事都存在着一定的规律,不过很多规律并不能机械理解,正如"市场永远不变的法则就是永远在变"所言,人总处于不断的变化之中, 如果未来能够精准地被预测,那还有什么意义值得我们追求呢?

有一句话说:"估量命运的秘诀就是不可估量。"未来不可估量,成功也不可复制,每个人都有着全然不同的性格、身份、成长环境、机会机遇等,成功又如何能够效仿和复制呢?

如果非要说出成功的规律,那一定是认识自己、成为自己、超越自己。一句话——和你自己比,将来的你,比现在的你强,就是成功!

最好的东西都是免费的

有的人想要成为太阳，但他只是一颗星星；有的人想要成为大树，但他只是一棵小草；有的人想要成为大江，但他只是一条小河……于是，他很自卑，总以为命运在捉弄自己。

其实，平凡并不可卑，关键是必须扮演好自己的角色。

1

从前有一个小男孩，每天都会全副武装地走到自家的后院，戴着棒球帽，手里拿着棒球棒和棒球。到了后院之后，他首先对自己说："我是世界上最伟大的击球手。"紧接着，把棒球往空中一扔，再用力地挥棒，可惜，没打中。

不过，他没有放弃，先捡起球，大喊一声"我是世界上最厉害的击球手"，再把球往空中一扔，又一次挥棒，可惜，还是没打中。

这一次，他愣了一会儿，捡起球，仔仔细细地检查了棒球棒和棒球，没发现问题，又喊"我是世界上最杰出的击球手"，又把球往空中一扔，只是，依旧落空。

不过这一次，他看到棒球落地后，大叫一声："我真的是一流的投手。"

男孩勇于尝试，能不断给自己打气、加油，充满信心，虽然仍是失败，但是，他并没有自暴自弃，没有任何抱怨，反而能从另一种角度"欣赏自己"。

在大部分人的生活当中，总是习惯不断地重复着"我长得太丑了""我没有很好的能力""我为什么总是犯错"的自怨自艾和自我批判，却无法像那个小男孩一样，换一个角度看待自己，欣赏自己。这就是自卑心理在作祟。

你斤斤计较自己的平凡与普通，你一次又一次地重复着自己的失败，你一遍又一遍地强调自己的想法，做了很多努力，却还是让自己陷入渺小的境地，处处都不如人。这就是自卑心理造成的最大问题。

芸芸众生中，我们只是普普通通的一员，都是极其平凡的小人物，可是每个人都不同，都有比别人更好的地方，因此不要深陷于自贬身价的泥潭中，也不要陷于不知道如何珍惜自己天赋的执迷不悟里。人生都是公平的，它给每个人的东西都是一样的。

很多时候，其实我们都知道，自卑会让人生更灰暗，但在风尘仆仆的赶路途中，只顾着匆匆的脚步，只看到别人的美好，却忘记了欣赏自己。

在尘世间奔波，记得多欣赏自己，你会发现其实生活很美好，也很幸福。

2

很多人觉得自己拥有的东西很少，想要获得什么，又必须付出昂贵的代价。所以整天慨叹"得不偿失"，其实，我们每个人能拥有很多，并且，都是珍贵而且免费的！

阳光，是世界上最重要最珍贵的资源，我们每个人都离不开它。如果地球上没有了阳光，无论是动物或是植物，都将不复存在。而我们从来没有为自己感受到的阳光而付出一分钱。

空气，也和阳光一样，是每个人都离不开的资源。如果地球上没有了空气，所有的动植物都无法生存，可是，也没有人为自己呼吸的空气付钱。

阳光和空气不正是最重要和最珍贵的资源吗？

除了阳光和空气，不需要人类花费一分钱的好东西，其实还有很多：蓝天白云、青山绿水、和风细雨、朗朗霁月、璀璨群星、花香鸟语等等，举不胜举，我们可以尽情欣赏、尽情享受。

3

物质生活如此，精神方面也不例外。

亲情，是免费的。

在中国的传统亲情观念中，孩子自从降临到这个世界上，从小到大，就享受着父母无微不至的呵护与照顾，除此之外，还有爷爷奶奶、外公外婆、亲戚好友的疼爱与喜欢，这就是亲情。

每一个人都享受着亲情的呵护。是亲情,让我们的身心在尘世中能够有所寄托和依靠;是亲情,让我们在生活中感受到幸福与快乐。亲情,发自于内心,且不要求任何回报,每个人都能够免费"享用"一生。

友情,是免费的。

财富并不会伴随人的一生,但朋友却是一生一世的财富。是朋友,在每一个快乐的节日里给予问候;是朋友,在每一个需要安慰的时刻给予你有力的帮助;是朋友,在每一个迷惘的阶段给予你醍醐灌顶的劝告;是朋友,在每一个需要鼓励的日子给予你坚定的支持。而这些,全都是免费的。

爱情,是免费的。

爱情由很多情愫组成,有仰慕,有思念,有依恋,有惦念,有疼爱,有依靠,有倾听,有搀扶,有喜怒哀乐……这些东西,全都是发自内心的,最珍贵的,最值得保存的,同时也都是免费的,不需要花钱,也是多少钱都买不到的。

亲情、友情、爱情,是人的一生当中最需要的东西,也是最离不开的宝贵资源,它们为我们的心灵提供了丰富的精神营养,也让我们拥有了快乐、幸福的人生。

仔细想一想,所有能够随时享受、免费拥有的珍贵的东西,难道不比那些令人不满的困难与坎坷更值得珍惜吗?为此,感谢大自然创造出的这些免费的东西吧,感谢我们不需要花费任何金钱就能够拥有的这些美好的东西吧。

第四辑
永远别放弃做个有趣的人

生活会用平淡沉沦我们的热情，而有趣能让你跟强悍的现实打成平手。别再压抑自己的天性，做个有趣的人，胜过一切疗愈和安抚。

幽默,人生的另类坚强

幽默,其实是一种强大的力量,不仅能够帮助自己拥有
轻松的心态,还能让自己的思想具有趣味,更能让周围的人
发现自己是一个敢于真诚地表达自己,能够真诚地面对错误
的人,从而打开人际交往的大门。

当我们以幽默的心态对待自己,也就在一定程度上肯定
了自己的价值。

1

李先生是北京一家公司的执行经理,公司的高层管理者
正就公司的战略和实施战略的方针争吵不休,李先生试图说
服他们停止争论,转到务实的执行上来。为此,李先生给他们
讲了这样一个幽默的故事:

在第一次世界大战期间,有人对美国总统说,他有一个
良策可以一举结束第一次世界大战。他是这么说的:"在我看
来,我们目前面临的问题完全是由于德国U型潜艇不断击沉
我们的商船造成的。我建议,我们想个办法把整个大西洋烧

开锅。这样,当大西洋的海水温度太高而使德国潜艇无法继续躲在海底的时候,它们就不得不浮出海面。而当它们真的冒出来的时候,我们可以以逸待劳,在海上张开罗网将它们一一擒获,就像我们在打猎季节捕获猎物那样。"

而当美国总统询问这个人有什么办法把大西洋加热到212华氏度时,这个人的回答是:"当然,这事交给技术人员去办好了。我只负责制定政策。"

待一阵大笑平静下来之后,李先生告诉在场的公司高层管理人员:"这就是所谓制定政策和执行政策之间的差异。"争吵不休的管理人员终于停止争吵,开始商讨具体的执行方案。

在说服过程中,我们随时可能遇到不同性格、不同背景的人,我们需要和他们沟通交流,要说服他们认同你的观点,要说服他们购买你的商品,要说服他们放弃某些危险的行为等,所有这一切都需要幽默。

2

孔子有一次到了郑国,不小心与弟子们走散了,独自一人站在城郭东门。郑国有个人看到了,对孔子的弟子子贡说:"你有看到东门站着一个人吗?长得奇形怪状的,好像一只丧家之犬的模样。"子贡把听到的话转达给了孔子,没想到,一代宗师当着子贡的面,哈哈大笑:"是说我像丧家之犬吗?是这样的,是这样的。"

这就是孔子的气度。

随着年纪的增长,阅历的增加,人都会变得越来越成熟。当成熟之后,再去看自己从前的行为,不免觉得好笑,过去的人生就好像是一场儿童嬉闹的游戏,只是,当我们身处从前时,却又十分偏执,执迷不悟,鼠目寸光,心胸狭窄,做出许多啼笑皆非的事。

不过,只要我们的心智成熟了,就能察觉到自己的可笑,而幽默感也就自然而然地产生了。

俗话说:"开口便笑笑天下可笑之人。"意思是一个人如果能够自嘲,自然也能够察觉到别人的可笑。那些为了蝇营狗苟而表现出一副小家子气的人的表演,在心胸开阔的你面前,不是可笑至极吗?

自嘲是一种美德,一个能够自嘲的人,一定是一个自信的人,也一定是一个勇于承认自己的人,更是一个富有智慧的人,还是一个把自己看得清清楚楚的人。

唯有自嘲,才能让自己活得更通透。在人际交往中,当境地变得尴尬时,自嘲能够帮助你从中体面地脱身。智者的金科玉律便是:不论你想笑别人怎样,先笑你自己,这样还能拉近与别人的距离。

幽默的情怀从某种程度上讲是一个健全人格的表现,生活中的酸甜苦辣,得失宠辱,都可以付之一笑,该是多么博大的胸怀。一个人过于现实，老于世故，就很少有幽默感了。

3

幽默其实是一种能力。在21世纪之初，美国欧文斯纤维公司曾经解雇了近一半的员工，考虑到这项举动可能影响到其他员工而后引发其他的问题，公司管理层特意聘请了专门的幽默顾问，对公司的1600多名员工施行了幽默计划，在两个月的时间里开展了各种各样的幽默活动。

活动结束后，没有出现公司最初担心的类似于聚众闹事、威胁恐吓、企图自杀的可怕结果。

是的，每个人都喜欢幽默，也喜欢和幽默的人相处。甚至，在西方国家，一个没有幽默感的男人，与没有魅力、愚蠢等名词近乎可以画上等号。一个有经验的主管知道，幽默的个性不仅会让自己更容易与员工打成一片，起码比古板、严肃的主管容易得多，而且还会让自己的形象人性化，能够让下属齐心合作。

那么，如何才能够让自己成为一个幽默的主管呢？

首先，博览群书，拓宽自己的知识面。只有积累了足够的知识，才能培养出高尚的情趣和乐观的信念，才能够在各种场合与人接触时更从容，更胸有成竹。幽默感通常属于心宽、对生活充满热忱的人，而不会属于消极、心胸狭窄的人。

其次，提高自己的观察力和想象力，善用比喻和联想。

再者,多参加社会活动,多接触形形色色的人。在接触和交往的过程中,不仅能够增强社会交往的能力,而且能够增强自己的幽默感。作为一名管理者,具有幽默感,就能够创造欢乐的氛围,激励员工努力工作。

幽默是一种健康、美好的品质,能够伴随人的一生。在漫长的人生道路上,其实每个人都会陷入逆境,逆境不可避免地带来痛苦和不幸,但是从长远的发展来看,人生中只有出现一些小挫折,才能够让你保持清醒的头脑,经得起坎坷的考验,磨炼意志。

幽默中渗透着坚强的意志。拥有幽默感的人,很多时候,都是努力进取的人,也是自强不息的人,在面对恶劣的环境以及失败的打击时,能够自我化解。其实,幽默本身并不能让我们克服困难,但是它能够让我们拥有十足的信心。

如果一个人总是被成功包围, 即使是一次小小的失败,都有可能成为一次相当严酷的考验,让他走不出失败的阴影和魔咒。幽默的人相信"失败乃成功之母",失败和成功在一定条件下是可以相互转化的, 在失败中不断总结经验和教训,才能够积累成功的基础。

幽默的力量并不会自行产生,如果你想要拥有幽默的力量,从而去面对人生中的坎坷,建立与他人的和谐关系,努力达成自己的人生目标,就必须付诸实践,用一定的计划和定量的练习创造它,发展它,更重要的是接受它。

知足惜福,快乐由心而生

拥有的东西并不能控制自己的情绪,相反,那些想要但得不到的东西却能够轻而易举地牵动你的情绪。贪心并不会让心变得宽广,反而会闭塞心灵。知足是一种情绪,更是一种境界,只有怀抱着知足之心,生活才会幸福。

1

美国著名作家梭罗在其代表作《瓦尔登湖》中揭示了快乐人生的真谛:人如果被纷繁复杂的生活所迷惑,不懂得知足、惜福,便会失去生活的方向和意义,内心便会充满焦虑。如果一个人能满足于基本的生活所需,便可以更从容、更充实地享受人生,享受内心的轻松和愉悦。

除了在作品中表达这样的认识,在生活中更是如此践行。据说,梭罗每天起床后的第一件事是对自己说:"我能活在世间,是多么幸运的事!"这一句简单的话,是每天的仪式,提醒自己要学会知足,要珍惜幸福,要感激生命的赐予。

这样的生活态度,不仅让梭罗拥有做自己喜欢的事情的信心,让自己过得轻松和快乐,也让他一步步走向成功。

大多数人"身在福中不知福"的主要原因在于他们不懂得知足。人是否感到快乐,与拥有物质的多少,金钱的多少,权利和地位的高低完全没有关系,它只与每个人内心的感觉有关。有的人家财万贯,一辈子衣食无忧,却始终抑郁,这是因为他们不知道知足,不知道珍惜自己手中拥有的,只想追求自己没有的;有的人一生清贫,食不果腹,却过得幸福、快乐,这是因为他们知道珍惜自己拥有的一切。

只有知足,才不会迷失人生的方向,才不会因为追求自己没有的东西而搞得心力交瘁,郁郁而终。

2

很多人本来可以过无忧无虑的生活,却因为内心的不满足,而徒增了许多烦恼,最后被贪心所累,茫茫不知所为。

古时候,有一位拥有无数财富和土地的大地主,可是他每天都过得不满足,他总是不断地祈求上帝,希望拥有更多的土地。后来,上帝听到了他的诉求,来到了他的面前,说:"你想要土地,这样吧,你往前跑,只要你能够在日落之前回到我的面前,你踏过的所有土地就都是你的了。"

大地主听了之后很高兴,像一头发了疯的狮子似的,撒腿就跑,希望能够踏更多的土地。他跑啊,跑啊,他中途想过往回跑,怕时间来不及,但他渴望得到更多的土地,所以希望跑得更远一点。就这样,大地主一直往前跑,眼看着太阳就要落山了,他急急忙忙往回跑。就在太阳马上要落山的那一刻,他终于跑到了上帝的面前,刚想回头看一看自己跑过的路,却累死在上帝面前,那些土地与他再也没有关系了。

《圣经》上说:"人若赚得全世界,赔上自己的生命,有什么益处呢?人还能拿什么换取生命呢?"每个人都是赤裸裸地来到世上,因为生命的存在,我们才能够享受这美好的世界。除了生命,财富、名利等都是身外之物,所以人生在世,不要过于贪心。

在当下这个物欲横流、充满诱惑的社会里,如果我们总是渴望那些无足轻重的身外之物,内心就会觉得不满足,就会充满焦虑,就会感到痛苦,眼界也会相应变得狭隘,心胸变得狭窄,成功也会离你越来越远。

对当下的不满足,不仅会让我们失去感受幸福人生的条件,更会让我们失去一些能够获得成功的机会。因此,不要过度追求不属于自己的东西,不要盲目地羡慕别人,多做一些自己喜欢的事,过自己喜欢的生活,才能够拥有最大最多的快乐。

3

加拿大心理学家多易居曾经说过,人类不快乐的最大原因是欲望得不到满足,期望得不到实现。

老子说:"祸莫大于不知足,咎莫大于欲得。故知足之足,常足矣。"这句话的意思是,天下最大的祸患莫过于不知足,最大的罪过莫过于贪得无厌。

一位又一位前人用自己的经验告诉我们,知足是快乐的重要前提,只有知道满足的人,才能获得永远的富足与快乐。

人无完人,世间难得十全十美,如果我们只盯着不完美的一面看,就会发现生命之中全是遗憾。人生当中最大的遗憾,莫过于忽视了生命中的美好与快乐,让本该属于自己的幸福眼睁睁地消失在眼前。

停止抱怨吧,多关注自己拥有的东西,多看看美好的事物。

学会知足吧,多珍惜身边的人和物,多发现生活中的美好,多领悟生命的意义,多收获生活的幸福。

人生无常,懂得知足,才能正确认识自己,看清自己,才能冷静地面对现实的坎坷与困难,才能微笑面对福祸与得失,不然就会在得失之间徘徊不定,犹豫不决,最后可能会因为错过了太阳而伤心,之后又错过了群星,空余遗憾。

人生艰难,懂得知足,才能让内心变得更有力量,才能拥有对生活,对美好事物的信念,才能真正地拥有快乐。

人生不易,懂得知足,才能在失败时看到自己的差距,才能在成功时知道感恩,才能在遇到不幸时自我慰藉,才能在幸运时保持清醒和冷静。

幸福的起跑线,你我都一样

我们得到的越多,想要的就越多。由于这个原因,我们往往无法拥有一切。放开你的手,降低你的幸福底线,珍惜自己现在拥有的一切吧,如果你还想着去拥有你想要的一切,那么可能连你现在拥有的幸福都会失去!

1

儿子读二年级,有一次老师给所有的孩子留了一项课后作业,要求他们当一名小记者,采访爸爸。采访提纲上有好几个问题,一大半都是资料性的,比如工作是什么,主要的工作内容是什么,等等。

不过,其中有一道题目是问爸爸的梦想是什么,要如何实现。

儿子在餐桌上抛出问题,爸爸回答说:"我有三个梦想,第一个是吃得下饭,第二个是睡得着觉,第三个是笑得开心。"

儿子听完后,嘟着小嘴不开心了,说:"爸爸,你这样会让我不好交作业的。别人家的爸爸,梦想都是做科学家、做企业家的,可是你的都是些什么梦想？"

看着儿子一副焦头烂额的样子,爸爸提议:"儿子,你按照爸爸说的话写,写完之后,你再写一篇作文,附在问题的后面,让老师知道你不是敷衍,你认真地写了,因为你爸爸的性格就是这样。"

儿子点点头,觉得很有道理,就写了一篇文章附在后面。

第二天放学后,儿子回到家,爸爸问老师有没有责怪他,儿子摇摇头,脸瞬间红了,不好意思地笑了笑:"老师没有批评我,反而说我的采访和文章写得好,给了我全班最高分,还在课堂上念了文章。"

"为什么呀？"爸爸好奇地问。

"老师说她的丈夫最近因为工作的事,过得并不顺利,已经有好几天都睡不着觉了,东西也不怎么吃得下。她觉得爸爸的三个梦想很有意思。"

幸福没有多高的条件,吃得下饭、睡得着觉、笑得出来的人,就是幸福的。

2

诚然,在竞争激烈、人际关系复杂的现代生活当中,越来越快的生活节奏给人们的身体和心灵都带去了巨大的压力,导致每个人对幸福的渴望更多,却也更茫然了,总以为幸福在别处,难以找到。

"人生来就拥有获得幸福的权利，只是一些人没有去主动发现幸福而已。但不管怎么说，选择适合自己的生活方式，能够自由自在的人，最容易获得幸福。"正如这句话所言，其实幸福就在自己的身边。

在纷繁的生活当中，没有谁的人生是一帆风顺的，没有人能够完全摆脱外来条件的困扰，各种物欲和贪念无时无刻不在羁绊着我们前进的脚步，不过，只要我们能够找到属于自己的生活方式，只要我们学会知足，这些羁绊和束缚都能够被化解。

3

相信每个人的身边都有一些拥有惊人艺术才华的朋友，不过，他们却对自己的才华并不自知。举个例子，有一位朋友的书法写得很好，只要平日加强练习，日复一日，就很有可能成为一位书法大家；另一位朋友有很好的绘画天赋，没有学过专业的技巧就能画出一本连环画……不过，这几位朋友最后却碌碌无为地过着生活。

究其原因，也许是当你对他们说"我觉得你可以成为一名书法家""我认为你可以成为一名画家"时，他们却摆摆手，胆怯地说，自己没有这样的天分。

每个人都有追求才华的权利。其实，并不是一定要拥有什么才能够去争取一些东西，才华如此，幸福也是如此。无论穷富,无论男女,每个人都站在起跑线上,我们大胆而努力地去追求属于自己的幸福,而你的勇气决定了你奔跑的速度。

日本著名作家、艺术至上主义者芥川龙之介曾经说过:"希望自己的人生过得幸福和快乐,必须从日常的琐事爱起。"没有任何人能够立刻摆脱生活中的琐事,摇身一变成为一位伟大的人,所有的事都有一个基础,只有在基础上一点一滴地努力,才能够在自己的领域当中崭露头角。

海尔集团首席执行官张瑞敏曾经说过:"把每一件简单的事做好就是不简单!把每一件平凡的事做好就是不平凡!"对幸福的要求不用太高,做一个平平凡凡的人,收集生活中点点滴滴的幸福,在结束了一天的繁重工作后,躺在沙发上,看看电视或者看看书,听听窗外的雨声或虫鸣,感受自然的温和与顺畅,就这样平平安安、快快乐乐地度过了一天,这难道不是幸福吗?

当幸福的感觉到了面前,找一个本子,记录下瞬间的幸福感,一路收集,幸福就会日益累积,人的一生就充满了快乐。

一辈子不长，做个有趣的人

有人把生活比喻成一首歌，但这歌并不都欢快得令人陶醉，它有忧伤，有凄凉，有哀痛和呻吟。只有真正懂得生活的人才会把它当作一首歌来唱，将自己的嗓音调整到最佳状态，努力地把握好每一个音节，就连那伤心伤情之处也要表现得凄美而惨烈。

1

有一个6岁的小女孩，有一天突然问妈妈："妈妈，路边的花会说话吗？"

妈妈愣了一会儿，回答："亲爱的宝贝，如果路边的花不会说话，那春天没有可以聊天的伙伴，该会多无聊啊？"小女孩用力地点点头，笑了。

小女孩慢慢长大，到了16岁，有一天她问爸爸："爸爸，天上的星星会说话吗？"

爸爸愣了一会儿，回答："宝贝，如果天上的星星会说话，整个天堂不就十分嘈杂，不就是乱哄哄的一片吗？"小女孩认真地点点头,笑了。

后来,小女孩又长大了,到了26岁,已嫁为人妻,成为一名成熟的女性。有一天她问丈夫:"我在昨天的宴会上表现得是否得体?"

丈夫用力地点点头:"宝贝,我觉得你非常棒。你说话的时候,要言不烦,像一首悠扬的歌曲;你不说话的时候,虽静音而传千言,像一朵浮香的荷花。亲爱的,你能告诉我你是如何做到的?"

"6岁时,妈妈教会我与自然界对话;16岁时,爸爸教会我与心灵对话;26岁之前,哲学家、史学家、音乐家、外交家、农民、商人等教会我与生活对话;遇见你之后,你教会了我爱、思想和智慧。"女孩笑得特别灿烂。

2

一个优雅快乐的人,会感受生活,会品味生活中的乐趣。虽然享受生活必须要有一定的物质基础,需要你努力地工作和学习,创造财富,但是,劳作本身不是人生的目标。人生的目标是生活得惬意。一方面勤奋工作,另一方面使生活充满乐趣,这才是充实的一生。

所谓的享受生活,并不是灯红酒绿,也不是什么都不操心,患上"懒癌",而是竭尽全力地丰富生活的内容,提高生活的质量,好好工作,也好好休息。散步、登山、滑雪、垂钓,或是坐在草地或海滩上晒太阳,在做这一切时,不理琐事,使烦忧消散,使灵性回归,使亲伦重现。用乔治·吉辛的话说,是过一种"灵魂修养的生活",是像艺术家一样热爱并设计生活,让生活呈现出另外一番模样。

比如说,有人说日子如白开水,淡而无味,那你就加点蜂蜜……你能做的有很多,你可以无限发挥你浪漫的创意,让生活变得不再平淡。生活需要变化,这样才能让人觉得有新鲜感,才能长时间地保持活力。

王小波把人分为有趣和无趣两种,在一个无趣的时代、无趣的社会,做个有趣的人,不容易。如何做一个有趣的人呢?首先,热爱生活,有足够的爱心;其次,要细心地观察生活,体验生活,找到生活中的乐趣;再者,要充分发挥想象力,去发现生活中的美。

在漫漫的历史当中,有许许多多的名人,但称得上有趣的人却并不多。

宋朝大文豪苏轼就是一个有趣的人,他不赞同古人所说的"人生有四大乐事",而是认为人生的赏心悦事可不止四件,而有十六件:清溪浅水行舟;微雨竹窗夜话;暑至临溪濯足;雨后登楼看山;柳荫堤畔闲行;花坞樽前微笑;隔江山寺闻钟;月下东邻吹箫;晨兴半炷茗香;午倦一方藤枕;开瓮勿逢陶谢;接客不着衣冠;乞得名花盛开;飞来家禽自语;客至汲泉烹茶;抚琴听者知音。看这十六件乐事,不难知道,苏轼不仅热爱生活,也懂得享受生活,确实是一个十分有趣的人。

在有趣的人的眼里,世界上的每一件事每一个物品都充满了乐趣,蚊子飞来飞去惹人烦,也可以是"群鹤舞空";蛤蟆呱呱乱叫,却也可以是"庞然大物"。但在无情趣的人的眼中,只会是枯燥无味的聒噪。

生活从来不缺少美,而是缺少发现美的眼睛。天气晴朗时,躺在绿茵茵的草地上看云晒太阳;暴风雨来临时,听听雨声;空气凉快时,躺在床上胡思乱想……这些看似无用的事,却能使我们的人生充满情趣。

3

苏盈就是个极富生活情趣的人。虽然她工作很忙,闲暇时间不多,她却生活得有滋有味。

只要一有时间,她就会用丝线编织各种小背包,小包一般都是用黑丝线钩织,再配以孔雀蓝的底衬,最后缀上各式各样的小饰品,不管是谁,都会爱不释手。她家的椅子腿都套上了神奇的毛线套, 害得别人去她家都舍不得往椅子上坐,生怕压坏压疼了这些可爱的"小生灵"。

在苏盈家做客时,每个人都会觉得很幸福,不仅能够吃到添加了葡萄干、瓜子、花生仁、核桃、果脯等各色果料的鲜香可口的自己烤制的面包,还能够吃到又香又脆,味道令人久久难忘的她腌制的各色小菜,更别说其他诱人的粽子和肉饼了。客人来,每次都是连吃带拿,但苏盈则很高兴地表示特别欢迎下次再来,她可以做得更多。

她从来没有因为忙碌的工作而影响自己的生活质量和生活情趣,大家对她的生活热情佩服得五体投地。

有时候,大多数人都很羡慕那些功成名就的伟大人物,觉得他们是生活中的佼佼者,对事业和生活充满了激情和信心。不过,那些真正懂得生活的人,却是那些遭遇到困难和挫折却依旧对生活抱有信心的人;是那些明明知道生活本就是乐与悲,成与败,苦与甜,却依旧坚持热爱生活的人;是那些不对财富和名利拥有太多欲望并且认认真真生活的人。

当我们对待生活,都像一个艺术家一样,敏锐地洞察每一个片段之美,怀着婴儿般的好奇心去探索每一个角落,以超凡的想象力、创造力来做每一件事时,那么生活便会处处大放异彩。

第五辑
这一路你可以哭，但不能怂

　　工作疲惫，而且看不到尽头，生活困难，而且找不到解决方法。每一个夜晚都那么难熬，我们能被暂时击败，却不能永远倒下。没有人规定前进的路上不可以哭，但绝对不能怂。

请对压力友好一点儿

诗人歌德说："大自然把人们困在黑暗之中,迫使人们永远向往光明。"压力是人人都会产生,且根本无法消除的东西,既然如此,为何不利用压力改变自己的生活,创造出自己想要的未来呢?

1

现在的儿童节,有越来越多的成年人在过。那些成年人经常说,真希望自己永远都长不大,真希望自己永远是一个单纯、懵懂的小孩,不必面对来自社会、家庭、事业和情感的压力,这样才会拥有轻松快乐的生活。

不过,这样的幻想是说不通的,因为无论是谁,都会承担着或多或少的压力。每一个人,从出生的那一刻开始,就有着如影随形的压力,即便是小孩,不需要为生计奔波,也要慢慢熟悉这个世界的忽冷忽热,更要因为需求无法得到满足而学会自我安慰。

等到步入学校后,又要与他人进行比较、竞争,面对学业中的各种压力，为日益累积的作业所累。

等到步入社会后，因为对生活有了明确的目标，对自身也有了具体的要求，就要慢慢开始承受来自社会制度、环境体系的压力，为事业和人际关系所累。

幸好，因为拥有与生俱来的迎接新事物的挑战的特质，大多数孩子都能够很快地消除压力带来的沉重感，从而能够更沉稳、更冷静地应对生活当中的挑战。

压力这回事，实际上有大有小，但它对生活产生的影响，要看自己的心态。你把压力看得重，压力就重；你把压力看得轻，压力就轻。很多成年人之所以活得很累，是因为他们不能够像小孩一样善于遗忘，因为太过于依赖惯性思维，导致他们把压力看作最大的敌人。

适当的压力是你前进的动力，是你成长进步的助推剂。适当的压力会让人不怕困难和坎坷，去思考如何才能打破旧的格局，进入新的格局，从而让人产生足够的勇气和自信。

每个人都要接受来自压力的挑战，压力是事业和生活中不可缺少的清醒剂，是获得成功和幸福的重要前提。

2

从一个没落的贵族成为罗马的最高统帅，建立起一个庞大的帝国，著名的恺撒在人生当中的每个时期，都肩负着沉重的压力，他在这个过程中跨越了重重险阻，以非凡的毅力收获了最终的成功。

将士们愿意一直追随恺撒的重要原因,是因为他信守承诺,并且甘愿为其付出一切。19岁时,家族的权威人士从集团的利益出发,要求恺撒放弃原本定好的婚约,去与当地权势人家的女儿结亲。恺撒不同意,家族使出各种手段胁迫,但面对重大的压力,恺撒始终坚持自己的主张,毫不退缩,结果导致自己的财产和妻子的嫁妆被没收了。不过,他最后上演了一场出逃完婚的剧目,保住了自己的信誉。

这只是恺撒面对的第一个压力,在之后的长达近40年的时间里,他一步一个脚印地从军营走向战场,走向政坛。在几十年的时间里, 他每时每刻都在对抗着几乎难以承受的压力,不过因为压力庞大,常常压得喘不过气来,所以恺撒几乎没有时间去烦恼为什么有压力,压力为什么这么大,而是及时把压力变成动力,不断挖掘自己的优势,利用自己英俊的容貌、机智的谈吐、坚毅的心志和优秀的军事才能,得到了将士们的重视和信赖,扫清了成功面前的所有障碍。

美国总统华盛顿说:"一切和谐与平衡, 健康与健美,成功与幸福,都是由乐观与希望的向上心理产生的。"恺撒取得辉煌成绩的原因之一,在于他不会因为任何压力而放弃自己的目标。

3

明明知道压力不可能凭空消失,如果还是每天妄想着过上没有压力的生活,这只是给自己增添烦恼。遭遇压力时,最理智的做法是从压力的圈子中跳出来,分析自己为何会产生压力,并迅速思考如何将压力转化为做事的动力。

压力过大,很容易让人陷入一蹶不振的困境当中;压力过小,则很容易让人滋生惰性,变得懒。唯有适度的压力,才能够让人一直清醒,拥有正确的自我认知。

大家都熟悉的拳击比赛中,有经验的教练在比赛之前都会帮选手找一个陪练,陪练的实力要跟选手差不多,能够刺激选手的斗志,从而让选手在每一次试练中慢慢进步。有了竞争对手的刺激,选手不会盲目自信,也不会停滞不前,而会不断克服压力,提升自己的实力。

20世纪最伟大的喜剧演员卓别林,出生于一个演员世家,在他小时候,父母因为感情不和而离婚了,他跟随母亲一起生活。身体虚弱的母亲靠唱歌赚钱,但有一次遭到了观众喝倒彩,即将失去唯一的经济来源,这时候,卓别林意外上了台代替母亲继续演出,虽然是初次稚嫩的表演,且事情发生得非常突然,但他十分冷静,故意装出和母亲一样的沙哑声音来演唱,及时解除了当时的危机,最后也得到了观众热烈的掌声。

拿破仑曾说："最困难之时，就是离成功不远之日。"这一次的表演，无疑成了卓别林成功的第一个信号。从那一次之后，生活依旧艰难，但他忘记了贫苦，只记得自己在舞台上的感觉，认真地学习表演的技巧。

1925年，描写19世纪末美国发生的淘金狂潮长片《淘金记》上映，作为主演的卓别林因此奠定了自己在艺术界的地位。成功的喜悦并没有彻底阻碍压力的到来，有声电影的迅速升起，逐渐取代传统的默片，卓别林的事业陷入非常难熬的境地。事业上的没落是压力，精神上的考验更是沉重的压力，母亲离世，与妻子的离婚案闹得沸沸扬扬，电影《城市之光》的停停拍拍，放映权的谈判始终无果，让那个一直以喜剧角色面世的卓别林瞬间老了20岁，鬓间悄悄渗出一缕一缕的白发。

直到有一天，卓别林突然意识到颓废并不能让现在的状况变得更好，他思考了许久，决定放下压力，去进行一次欧亚之旅，横渡大西洋，当成是散心，接受新的知识，再次寻找为新电影做宣传的机会。

花了很长一段时间，卓别林终于在重重压力当中恢复了对工作的热情和激情，最终，他出演了《摩登时代》，容光焕发地出现在观众的面前，取得了巨大的成功。

无论是谁，在人生的各个阶段，都会遇到压力。当压力出现在面前时，不要退缩，不要逃避，要用勇气和智慧去正视压

力,接受压力的存在,不要因为压力而产生消极的情绪,努力
找到改善的方法,压力才会慢慢消除,事情才会慢慢朝好的
方向发展,这样才能够取得成功。

自己选的路,就再多坚持一秒

我们都渴望成功,但结果往往是只有极少数人站到了成
功者的队伍中,大多数还是身居平庸者的行列。之所以如此,
根本的原因在于前者做到了坚持,坚持,再坚持,而后者多是
遇到困难就退缩,半途而废。

1

在一次拍卖会上,美国海关正在拍卖一批刚刚被截获的
走私自行车。

拍卖场上,大家发现了一个十岁左右的小男孩,他坐在
第一排。每当拍卖师叫价的时候,这个小男孩总会最先叫"10
美元",不过因为自行车都是质量很好的产品,没有人止步于
"10美元",小男孩只能眼睁睁地看着别的人用"20美元""30

美元"越来越高的价格把一辆又一辆崭新的自行车拍走。

拍卖师也注意到了这个每次最先叫价"10美元"的小男孩,在中场休息的时候,走到小男孩面前,问:"你为什么每次都只出10美元呢?大家可不会看你是个小孩而放弃竞争哦。"

小男孩挠挠头,不好意思地说:"我只有10美元。"

中场休息结束,拍卖会继续进行,小男孩依旧每一次都最先叫价"10美元",但每一次也都只能看着其他人以高于10美元的价格推走一辆又一辆漂亮的自行车。

拍卖会接近尾声了,只剩最后一辆自行车了,而且这是这场拍卖会上最好的一辆自行车。拍卖师开始叫价了,但小男孩这一次却沉默了下来,他认为自己肯定拍不到,毕竟这辆车的前排有两盏灯,而且有着全自动的刹车和可多挡变速的车身。

结果,现场静悄悄的,没有一个人出价。拍卖师又喊了一遍,还是没有人叫价;拍卖师又喊了一遍,小男孩一脸好奇地看看周围,又看了看那辆最好看的自行车,小声地叫:"10美元。"

全场的人都听到了,拍卖师面带微笑地敲了锤子,大声地说:"如果没有人再叫出更高的价格,这辆自行车就属于这位年轻小伙了。"

其实,我们在面对困难时,也可以像小男孩一样,坚定地走自己的道路。这样,说不定成功和喜悦就会属于我们!

2

一对生长在农村的兄弟看到自己的伙伴们纷纷到大城市打工，回来都是西装革履、出手阔绰，他们俩心里羡慕不已。看着自家破旧的房子，父母佝偻的身子，俩人商量好，也要去城里谋条生路，好好打拼几年，挣了钱好好孝敬父母。

说干就干，他们拎着简单的行李，坐了两天两夜的火车，从遥远的、不知名的小村庄来到车水马龙、灯红酒绿的大城市。在火车站附近找到便宜的小酒店住下后，两人便出去寻找工作机会。可是，两个从农村出来的年轻人，在这个大城市一没关系、二没学历，找了好几天的工作，落了个无功而返的下场。

眼看着带来的钱越来越少，再找不到工作的话，只能露宿街头了，兄弟俩心里焦急万分。这天一大早，两人又来到贴招工告示的地方，想到年迈的父母浑浊而又充满期待的眼神，两个人心里充满了愧疚和无奈，不由得加快了搜寻告示的速度。

这时，一位大腹便便的中年人走到他俩面前，上下打量了他们一会儿，开口问道："小兄弟，我们这里在招销售员，你们有没有兴趣？"兄弟俩一听，连忙说："有兴趣，有兴趣！"他们没有想到，竟然会有人主动给他们提供工作机会，迫不及待地跟着中年人来到他们的公司。原来，这是一家礼品公司，他们的工作就是到一个个社区、写字楼，上门推销小礼品。虽然待遇不高，但毕竟是一份工作，兄弟俩还是干得勤勤恳恳。

　　由于他们没有固定的客户,没有推销渠道,也没有任何关系,他俩每天只能提着沉重的样品,跑到大街上及小区里推销礼品。一个多月很快过去了,他们跑断了腿,磨破了嘴,仍然处处碰壁,连一个钥匙链也没有推销出去。

　　无数次的失望磨掉了弟弟最后的耐心,他向哥哥提出两个人一起辞职,重找出路。哥哥语重心长地对弟弟说:"万事开头难,咱们再坚持一阵,没准下一次就有收获了。"弟弟不顾哥哥的挽留,毅然决然地从那家公司辞职了。

　　第二天,兄弟两个人回到出租屋时却是两种心境:弟弟求职无功而返,哥哥却拿回来推销生涯的第一张订单。

　　一家哥哥四次登过门的公司要召开一个大型会议,向他订购了300多套精美的工艺品作为此次会议的纪念品,总价值20多万元。哥哥因此拿到2万元的提成,淘到了打工生涯的第一桶金。

　　几年时间很快过去了,哥哥不仅拥有了汽车,还拥有了100多平方米的住房和自己的礼品公司。而弟弟的工作换了一个又一个,最后连穿衣吃饭都要靠哥哥帮助。

　　在一次聚餐的时候,弟弟向哥哥请教成功的秘诀。哥哥说:"其实,我现在所有的成就就在于我比你多了一分坚持与努力。"

　　他们原本天赋相当、机遇相同,他们的差距只是哥哥多坚持了一次。

3

在生活中，不要埋怨机会不肯光临，扪心自问，我是不是为了自己的选择再多坚持了一下。

坚持的意义就在于此——不但要努力，还要持续努力。

英国首相温斯顿·丘吉尔说："一个人绝对不可在遇到危险时，背过身试图逃避，这样做只会使危险加倍；但是，如果立刻面对它毫不退缩，危险便会减半。绝不要逃避任何事物，绝不！"

很多人在登山的时候，最怕遇到风雨突起，这时候人们最先想到的办法就是迅速找个安全的地方躲一躲，或者立马向山下跑，但登山家认为，最好的自救办法是顶着风雨往山顶走。因为找个地方躲一躲，很容易遭受到泥石流和山崩的袭击；而往山下跑，虽然看上去遇到的风雨小了一点，但很可能会遇到爆发的山洪，更是无处可躲；而往山顶上走，虽然遇到的风雨还是很大，但却能回避大危险的袭击，生命的安全保障也大很多。

人生的漫漫长途就像是爬山，那些在登山过程中遇到的风雨就像是我们在路途中遇到的困难。遇到困难时，一味地逃避，并不会让困难消失，反而会越躲越糟糕，因此我们应该勇敢地迎接困难的到来，只有迎难而上，才能在路途中看到美丽的景色，才能更好地生存。

任何人，只要不被他人的眼光和议论打倒，不被他人的嘲笑和歧视击败，保持一颗坚强的心，认真地工作，努力地前进，就能够慢慢成长，从微不足道的小人物成长为一个令人刮目相看的人。

只要坚持，人生就绝不可能一无所有，无论什么时候，无论处于什么阶段。

我的心再灰，仍因你是怀珠的贝

有一些既定的事实不能够再改变，已成既定，此时，不要抱怨，也不要怨恨，在可控的范围内，试着转变自己的心态，接受现实，适应状况，如此，不仅消除了苦苦挣扎的烦恼，还能够收获一个不一样的人生。

1

莎拉·波哈特，是一个深谙人生之道的女性。她曾经是四大州剧院独享荣耀的皇后，深受世界观众的喜爱。然而，在她71岁那年，接二连三的不幸出现了。她先是破产，后是医生告诉她必须截肢。面对这样的悲惨现实，医生以为莎拉会暴跳如雷，可她却平静地说："如果非这样不可的话，那只好如此了！"

她被推进手术室的时候，她的儿子在一旁哭。她挥挥手，表情依然平静，说："不要走开，我很快就会回来。"去手术室的路上，她给医生和护士背她演过的台词，让他们高兴，她说："他们心里的压力比我的更大。"

手术很顺利，恢复健康后，莎拉·波哈特没有告别舞台，她继续周游世界，让观众又为她痴迷了7年。当有人向她询问乐观的秘诀时，她笑着说："我养成了一种习惯，就是接受不可改变的事实。"

残缺是一种美丽，遗憾也是，生活本身不如意之事十有八九，一味地抱怨生活的不完美，生活便会陷入无止境的阴霾，因此，试着把遇到的不幸看作上天带给我们的另一种赐予吧，试着接受那些遗憾，才会在转身时遇到一片艳阳天。

2

普瑞尔生于巴黎附近一个小镇，父亲开了一家皮革店，因此，普瑞尔也常常到店里玩耍。

就在普瑞尔3岁时的一天，命运给了他第一个不公平的待遇。父亲因为有事离开了店铺，普瑞尔便一个人在店里玩，不幸被小刀划伤了左眼，导致左眼失明了。从此以后，陆陆续续的不幸接连降落在普瑞尔身上。

　　普瑞尔的左眼失明后不久,右眼也受到炎症影响看不见了。从此,才3岁的普瑞尔便失去了用眼睛看世界的能力。然而,普瑞尔并没有因此变得孤僻、郁闷,他仍然像未失明时那样活跃、快乐。他五六岁时也和其他小孩一起去学校上课。

　　10岁时,在巴黎启明青年学院,普瑞尔开始读大凸字的书。不过,由于字母非常大且凸出纸面,一本小书往往有几寸厚;书虽然十分厚重,内容却不多。也就是从这时候起,普瑞尔有了一个梦想:"一定有方法可以让盲人像正常人一样学习,一定有方法让盲人能更方便地阅读。我一定要找出这个方法来,一定要!"

　　15岁时,他受到陆军上尉巴比业发明的军令暗码的启发,并经过无数次的研究和组合,终于将字母以不同的点和位置组合表示出来,盲人只需用手指触摸这些不同点、位的组合,就可以读出字母甚至文章(以下我们将之称为凸点系统)。

　　然而,当普瑞尔在学院公布这个新方法时,反而受到别人的冷嘲热讽。不过,普瑞尔却没有气馁,他对这个方法充满信心,并且不断改良打凸点的方法,终于在20岁时,他的普瑞尔凸点系统正式完成了。时至今日,这个系统在世界已经普遍为盲人所使用。

　　对于普瑞尔来说,命运何其不公!可以说他的人生之旅没有一步是顺利的，但他并没有自怨自艾、自暴自弃，反而创造了一个造福所有盲人的奇迹。

3

我们都喜欢珍珠，可是珍珠是如何形成的呢？河蚌在海里时，沙子会进入河蚌的壳内，这时候河蚌是很痛苦的，可是它不具备把沙子吐出去的能力，于是河蚌就有两个选择，第一抱着这种痛苦，得过且过，煎熬地过每一天。第二是想办法与沙子和平共处。

河蚌通常会选择后者，它试着把沙子包起来，一旦如此，河蚌就不觉得沙子是外来物了，而是自己的一部分。渐渐地，当沙子裹上的成分越来越多，河蚌就越来越能与其和平相处，把沙子完全当成是自己。日复一日，最开始令其痛苦的沙子就成了一颗闪亮的珍珠。

河蚌在演化的层次上属于无脊椎动物，没有大脑，没有思考的能力。可是，一个低等动物都知道面对无法改变的事实时，要想办法去适应，把让自己觉得痛苦的部分转化为自己能够接受的，而拥有高等智慧的芸芸众生怎么会比不过河蚌呢？

其实世间的每一个人都过着不公平的生活，只是快乐与否与公平与否完全无关。很多时候，那些不公平的经历是每个人都无法选择也无法逃避的，学会承认生活中的确充满着不公平，才能激励自己竭尽所能去改变自己，从而改变环境，而不是自怨自艾。

当一切已成既定的事实无法再改变时，收起抱怨和愤恨，试着转变自己的心态，去接受，去适应。在可控的范围内，接受现实，改变自己，不但省去了苦恼，还能收获不一样的人生。

与众不同的背后，是无比孤独的努力

每一个与众不同的人，多少是要遭到非议、要被孤立的，在孤独中，有人抵挡不住寂寞，回到了之前的平庸生活中，也有人咬牙坚持了下来。如果你是后者，你最后会发现，在成功的喜悦面前，之前的那些孤独算不了什么。

1

波波是个争气的孩子，大学没考上，读自学考试，25岁那年，她顺利地拿下了双学位，又考了英语6级，拿了领队证，开始带美国旅游线路。

30岁那年波波结婚，并有了个可爱的女儿，一年后和老公和平分手——是真的和平，彼此都是好人，但两个好人不代表是好夫妻，离婚后女儿归前夫带，他们还是像朋友一样来往。

波波手里突然多了大把时间，在几个美国朋友的鼓励下，她在朋友圈开始做海外代购。

有一天波波在上海，遇到了一个初中同学，聊了几句后在马路上各奔东西，同学半真半假地说，当年，我挺喜欢你的，也很后悔没有追你。波波一笑而过，临走前互相加了微信。

那天晚上波波被初中同学拉进了群，群里也没几个人说话，波波就发了个红包，希望大家支持一下自己的生意，红包三分钟内被抢光了。一个小时后，波波从浴室出来，发现自己被踢出同学群。那个"当年后悔没有追她"的男同学是这样解释的，利用朋友圈做生意，都开始骗朋友了，真是low。

这只是一个序幕，紧接着，很多人都拉黑了波波，打电话过去也不接，突然之间，她感觉所有的人都遗弃了她，而这一切不过是因为波波在朋友圈发了点文案——可是自己的朋友圈，难道不是自己想发什么就发什么吗？

波波非常委屈。

然后，一个姐姐跟波波说："这很正常，不就是拉黑了吗？我们上班不也是这样吗？客户把门摔在我们脸上的事情多了去了。"

波波记住了姐姐的话："没有谁比谁low，只看谁比谁能忍。"

的确，在朋友圈开店，是孤独的，要忍受那种非议和被遗弃的感觉，但也是美好的啊。之前，波波很少能看到自己的力量能有多大。跟很多人说自己想做什么什么，但波波不知道自己能不能行。

现在，买货，安排国际快递，等待物品，有时候要承担运输损坏，再自己写文案卖东西，产品上架，发快递，收款，维护客户关系……波波一个人做起来这么多事的时候，她有一种一点一滴为生活更美好的幸福感。

"这和上班下班按时领工资的感觉完全不同。"波波觉得，那是种一点一滴都是自己动手努力，再一点点像滚雪球一样壮大起来的感觉。

2

王楠之前一直是那种人缘好的女孩儿，从大一到大三，和宿舍的人关系都相处得很融洽，大家一起上课，一起玩游戏，一起睡懒觉，一起吃饭……但是，当她决定考研的时候，宿舍的气氛就怪怪的。大家觉得王楠好像突然之间和她们"不一样"了。

"考研干吗？研究生毕业了，也不一定能找到工作啊。"王楠的下铺，和她最要好的女孩还这样说过她。看王楠不为所动，下铺也疏远了她。晚上，女孩们一起玩手机游戏，又笑又叫，声音很吵，王楠忍无可忍，说了一句："你们能小点声不？"

从此，从早晨起床，到离开宿舍，没有人和她说一句话了。

王楠后来就出去租房子住了，白天上课，晚上自习，对英语和专业所花费的功夫难以估计。崭新的红宝书和剑桥英汉都被翻成了一副老鼠啃过的样子。那年暑假，民房里没有空调，天气如此炎热，王楠心里充满了孤独感与无助感。如果她不考研，也许，这个时候她正和舍友们一起，喝着冰镇可乐，玩着水上乐园……但是，她想："考研有错吗？我只是为了改变自己的命运，为了梦想的大学，为了弥补高考的失利！"

她最终还是选择了坚持。

当王楠拿到了录取通知书的时候，她才觉得，之前的那些所谓被孤立，都不算什么。很快她有了一群和她志同道合的新朋友，大家一起读书，一起听课，一起在晚上踏着月色回宿舍……后来，她还找到了男朋友。

3

每个优秀的人，都有一段沉默的时光。那一段时光之所以难熬，是因为你试图从一个熟悉的圈子，进入另外一个在你看来更优秀的圈子，当旧圈子已经远离，新圈子你却没有踏入时，你就产生了无与伦比的孤独，而这，也是你最容易放弃的时候——此时,你一定要撑住。

你必须要知道,每一个与众不同的人,每一种与众不同的优秀,都是以无比的孤独为前提的,要么是血,要么是汗,要么是大把大把的曼妙青春好时光。

愿你明白一个道理,如果你坚持到底,那么,在你梦想实现的时候,你会发现,曾经被遗弃的孤独感,根本不算什么。

踮起脚尖,你便能够到星光

信念,就好像是一种新的强大的力量,能够刺痛人的双眼,也会刺激人的神经,而后慢慢点燃成功的导火索,赢得最终的胜利。

1

信念就是所有奇迹的萌发点。所有成功的人,最初都是从一个信念开始的。你不需要花费很多的金钱或者代价来获得它,需要的只是一颗细腻而坚定的心,你便会在不知不觉中发觉它慢慢地在向你靠近,而你也会在它的引领下慢慢地向成功接近。

纽约声名狼藉的大沙头贫民窟环境脏乱，充满暴力，处处都是偷渡者和流浪汉；在这里出生的小孩，逃学、打架、偷窃，甚至吸毒都是家常便饭，很少有人在长大后会从事一份正经的职业。罗杰·罗尔斯就在这里出生，但他却活出了例外，不仅考上了大学，最后还成为纽约州州长。

在州长就职的记者招待会上，一位记者希望罗尔斯谈一谈自己的奋斗史，就问："先生，请问是什么把你推向了州长的宝座？"

罗尔斯面对300多名记者的眼光，只提到了他上小学时的校长——皮尔·保罗。

当时，罗尔斯就读的小学是诺比塔小学，皮尔·保罗担任这所学校的董事兼校长。那个时代，美国嬉皮士正在流行，而诺比塔小学的学生们简直比"迷惘的一代"更要无所事事，不仅不认真上课，甚至斗殴、砸教室的公物，像是"混世魔王"。皮尔·保罗想了很多办法，希望能够引导这些学生走上正轨，但皆不奏效，直到偶然的一次机会，他发现这些学生非常迷信，于是就利用这一点，在上课的时候顺便给学生看相，借此鼓励学生。

罗尔斯就被看过手相。有一次，罗尔斯跳下窗台，慢悠悠地走向讲台，皮尔·保罗没有生气，反而握着罗尔斯的手，说："我看了看你的手指，小拇指修长，你将来会成为纽约州的州长。"罗尔斯大吃一惊,从小到大,只有奶奶说他可以成为一艘五吨重的船的船长时,他感到了振奋,而这一次,他居然可以成为纽约州的州长。出乎意料的同时,罗尔斯也深深记住了这句话,并且选择了相信。

自从那一天起,"纽约州的州长"成了罗尔斯生活当中的一面旗帜,他的衣服不再脏兮兮的,说话的时候也会变得礼貌,不再夹带着脏话,走路时也挺直着腰杆,在长达40多年的时间里,他每天都在以州长的身份要求自己,而后在51岁那一年,成为纽约州的州长。

罗尔斯在他的就职演说中说:"信念值多少钱?信念是不值钱的,它有时甚至是一个善意的谎言,然而你一旦坚持下去,它就会迅速升值。"

2

人生充满了各种各样的变数,没有人能够保证给自己一个永远的晴天,也没有人能够预知未来会遇到什么样的困难与坎坷。然而,我们虽然不能够把握外界行动,却可以产生与之对抗的力量。这种力量的源泉就来自于坚强的信念,而真正的信念是永远不可战胜的。

当种子被播种到地里,普通人能够看到的只是这个现象,而那些农夫却能够看到一片充满生机的绿色和未来金黄色的收获,这是因为在农夫的心里,他们有着对收获的信念,因此能够看到的远超于现象本身。

信念的力量会一直鼓舞农夫，让他们坚持日复一日、年复一年地在土地上辛勤耕作，付出自己的汗水和心血，最后便能得到累累的收获。

种子会死去吗？春天连绵的阴雨会淹没它的细根，夏天高傲的烈日会剥去它的翠绿，秋天无情的风会扯去它的树叶，冬天皑皑的白雪会夺去它的呼吸……只是，种子好像从未放弃过生命，不是吗？种子会发芽，然后长出嫩嫩的绿叶，开花结果，当然有些种子并不会结果，但它们依旧一个劲儿地往上长，不然哪里有我们看到的满屏绿色呢？

也许，在种子成长的过程中，会感受到许多残酷的事实，也许是倾盆大雨的打压，也许是日夜交替的运转，也许是落叶萧萧与薄雾蒙蒙，也许是生命的短暂和自然的新旧交替，只是，无论经历了什么，种子始终乐观，看破风雨，并积极萌发长大，成为一棵参天大树。

对蓝天的崇拜，对阳光的渴望，是种子唯一的信念，也是种子长成参天大树的重要原因。种子并不在意生长过程中会遇到多少坎坷，他们只想要感受到蓝天和阳光。

有了蓝天和阳光的信念，种子才能熬过寒冷的冬天；有了蓝天和阳光的信念，种子才能勇敢地破土而出；有了蓝天和阳光的信念，种子才能够无畏地长成一棵大树；有了蓝天和阳光的信念，种子才不畏惧一切。在人生的历程里，接受信念的指引,大步向前,就会像种子一样战胜严酷的环境,成为参天大树。

3

从前有一位美国青年,他的名字叫亨利,30多岁了,却始终一事无成,他每天都坐在公园里,哀叹自己的命运,觉得很伤心。有一天,他还坐在公园里,他的好朋友约翰一脸兴奋地跑过来,气喘吁吁地说:"亨利!亨利!我有一个好消息要告诉你!"

"我哪里会有什么好消息呢?"亨利低沉地摇摇头。

"真的是一个天大的好消息。"约翰迫不及待地说,"我刚刚看到一份杂志,杂志里有一篇文章,说拿破仑曾经有一个私生子流落到美国,私生子又生了一个儿子,文章中记录了那个儿子的全部特点,跟你完全一样。个子矮,说话还带有法国口音……说的就是你吧。"

"真的吗?"亨利半信半疑地问,但是他心里却已经相信了这个"事实",他找到那本杂志,研究了半天,终于彻底相信他就是拿破仑的孙子。

从这一刻起,亨利改变了,改变了对自己的看法。他以前因为自己长得矮小而觉得很自卑,如今只要一想到"自己的爷爷就是靠这个形象指挥千军万马的",他就特别自豪,也很欣赏自己的身高;他以前觉得自己的英语讲得很不地道,像是乡巴佬,如今他一想到自己带有法国口音的英语就倍感自豪;他以前遇到任何困难,首先想着退缩,如今他都会跟自己说"我爷爷的字典里从来没有一个'难'字"。

凭借着自己是拿破仑孙子的信念,亨利克服了一个又一个困难,三年后,他成了一家公司的董事长。

有一年,他请人调查了自己的身世,被告知"很抱歉,亨利,你并不是拿破仑的孙子",亨利笑了笑,淡然地说:"不重要了,是不是拿破仑的孙子都不重要了,因为我知道,只要我相信,成功就会发生。"

一个人要想成功,必须在内心深处树立起信念,就像洒扫街道一般,首先将街道上最阴暗潮湿角落中的自卑感清除干净,然后再种植信念,并加以巩固。只有建立信念,新的机会才会随之而来。

有人说:"信念就像人生的太阳一样,是我们前进的动力。信念的力量在于即使身处逆境,身处狂风暴雨之中,也能帮助你扬起前进的风帆;信念的伟大,是让你即使遭遇不幸,也能让你鼓起生活的勇气,让你张开纷飞的翅膀,振翅高飞。"

有了信念,我们就像拥有了阳光一样,无论我们处于多么阴冷潮湿的地方,我们也不会觉得寒冷,因为我们会觉得阳光永远照在我们的身上,永远是那么的温暖。

哭完了,我们就去打仗

执行出错带来的危害远不如行事犹豫不决带来的危害大,静止不动的事物远比运动中的事物更容易损坏。

1

从前有个小男孩,在外面玩得特别开心,玩着玩着他发现地上有一个鸟巢,似乎是被风从树上吹掉在地上,里面有一只小麻雀,嗷嗷待哺。小男孩既心疼又喜欢,决定把小麻雀带回家养。他突然想起妈妈之前不允许自己在家养小动物,思来想去,决定先把鸟巢放在门外的花坛里,想着哪天说服妈妈再带回家。后来他经过一遍一遍地请求,妈妈终于答应了。

小男孩兴奋地跑到花坛里,却发现小麻雀不见了,远处一只小黑猫正舔着嘴巴。看到这,小男孩大哭不止,从此刻起,他记住了一个教训,只要自己认定了一件事,一定不能优柔寡断。

2

世界上有很多人，总是把事情停留在口头上，从不动手实践；而有些人，却总是埋头苦干。在人生当中，犹豫不决、思前想后的确能够让自己少做一些错事，可是也会让自己失去一些成功的机遇。因此，很多失败者的最大特征就是一而再再而三地顾虑，犹豫不决。

有两个和尚，住在四川的偏远地区，一个富一个穷。

有一天，穷和尚对富和尚说："我想去南海，你觉得怎么样？"

富和尚回："你拿什么去呢？"

穷和尚满不在乎地说："一个饭钵就够了呀。"

富和尚摇摇头，说："你想得太简单了，我很多年前就想着租一条船，沿着长江而下，可你看我，现在不是还没有做到吗？"

不过，穷和尚没有因此停住脚步，而是直接去了。第二年，他从南海回来，把去南海的经历告诉了富和尚，富和尚听完之后，感觉到十分惭愧。

这个故事说明了一个非常简单的道理，成功总是偏爱那些付诸行动的人，说一尺不如行一寸。现实是此岸，理想则是彼岸，中间隔着一条湍急的河流，行动就是沟通此岸与彼岸的桥梁。如果没有果敢的行动，很多梦想都只能是遥远不可知的幻影。

过分谨慎和过分粗心大意,都会让人感觉疲惫,不过令人感到疲惫的不是做的事本身,而是犹豫不决、患得患失的心态。过分谨慎,会让自己不敢尝试任何新鲜的事物;而过分粗心大意,会让自己不经过任何细致的思考就突然执行。

没有学会游泳的人站在水边,会越想越害怕;没有跳过伞的人站在机舱门口,也会越想越害怕。每个人处于不利的境地时都是这样。

伟大的作家雨果说过:"最擅长偷时间的小偷就是'迟疑',它还会偷去你口袋中的'金钱'和'成功'。"

如果你希望别人能够相信你,你自然也要用令人信赖的方式表现自己。当然,每个人都没有百分之百的把握,保证自己每一次的行动都能获得成功,可是如果不行动,就怎么都不会接近成功。在竞争激烈的当代社会,所有机会基本上都是转瞬即逝,等待也就意味着"主动放弃"。

所以,想要获得成功的最有效办法,是排除一切干扰选项,果断分析,而后迅速做出决定,而且一旦做出了决定,即使会失败,也不要犹豫不决,以免决定受到影响。因为,有时候犹豫不决就是一种失败。

3

在打算修圣彼得堡和莫斯科之间的铁路线时，总工程师尼古拉斯二话没说，拿出了一把尺子，在起点和终点之间画了一条直线，用几乎不容辩驳的语气，斩钉截铁地宣告："你们，必须这样铺设铁路，没有第二个选择。现在，立刻，马上。"于是，圣彼得堡和莫斯科之间的铁路线就确定了。

纵观历史上的成功者，他们的特点就是比别人更敢于冒险，做决定的速度也比别人更快，且异常果断，因此也能把握住更多的机会，更容易获得成功。

的确，如果一个人总是优柔寡断，或者总是漫无目的地思考自己的选择做得对不对，一旦出现了新的情况，他就会轻易改变自己当初的决定。而你只要有果断地做出判断的勇气，或许并不能成功完成任何事，但哪怕做出错误的选择，也比不选要好，如果错了，就哭吧，哭完了，就去打仗！

在人生的道路上，的确有很多机会，但是这些机会都是转瞬即逝的。俗话说："机会不等人。"犹豫不决的人，会失去很多成功的机遇，因为他们对自己都无法抱有必胜的信心，自然也不会有人相信他们。

而那些说着"我绝不犹豫"的人，果断而积极，几乎能够成为世界的主宰。古今中外，那些成大事者不都是这样的人？当机立断，迅速决定，迅速执行。

第六辑

受得了你坏脾气的,都是爱你的人

别总把糖果撒给路人,枪口对准家人,受得了你坏脾气的都是爱你的人,所谓情商高,就是好好说话。

若以愚蠢的愤怒开始，必以后悔告终

俗语说:"一个愤怒的人只张开嘴巴却闭上了眼睛。"情绪有很大的煽动作用,在情绪的推动下,愤怒就好像一把熊熊之火,燃烧得十分旺盛。在愤怒当中,人会失去理智,不仅会变成伤人伤己的危险生物,失去自我,失去内心的平静与健康,还会赔上自己的声誉,失去自己的工作、朋友以及更多自己爱的人。

1

在一家高档的西装店里,一位顾客拿着昨天刚买的西服,跟店员沟通,因为这条西裤上有一个污点,他要求退换。不过,这套西装是打折产品,按照规定不能退换,服务员耐心地跟这位顾客解释原因,不过顾客根本不予理会,脾气越来越大,声音也越来越高,威胁说要打电话去消费者协会举报。服务员听到这,看到顾客这么蛮不讲理,一团怒气也上来了,失去了耐心,当场跟顾客吵了起来。

很快,争吵声便引来了周围其他人的注意,而服务员非

146

但没有停止，反而怒火越来越烈，最后竟然骂出了非常难听的话，还指名威胁顾客。顾客也不服气，于是服务员开始动手推顾客出去，结果因为商场地面的瓷砖打滑，顾客不小心摔倒在地上。这下围观的人更多了，很快商场经理和主管纷纷赶来维持秩序，并且当场就解雇了这名服务员。

无法抑制的怒气无疑是伤害身心至深的本源。然而，愤怒如同其他的情绪，并非不能被我们控制。

首先我们要把目光集中在事情身上，而非人身上。当我们对人发怒的时候，我们是把火力放在了别人身上。有时候，我们在尚未理性地看待某事之前就先发怒，变得情绪化。我们要避免这种情况，不断提醒自己，不要偏离最初的轨道，一定要将重点转移到问题解决方案的制订上。

2

很多年以前，有一家美国的石油公司，一下子亏损了200多万美元，原因是公司的一位高级主管做了一个错误的决策。

当时，大名鼎鼎的洛克菲勒正掌管这家公司，当坏消息传到公司时，公司的主管人员都设法躲开洛克菲勒，生怕他把怒气发泄到自己的头上。

有一天，石油公司的合伙人爱德华·贝德福德在亏损发生后的几天走进了洛克菲勒的办公室，发现这位石油帝国的老板正安静地趴在桌子上，用铅笔认真地在纸上写着东西。

爱德华·贝德福德打了声招呼，洛克菲勒抬起头，说："哦，是你呀，贝德福德先生。我想你已经知道了我们损失了一大笔钱，不过在叫那个人来讨论这件事之前，我考虑了很多，也做了一些笔记。"

贝德福德看了一眼洛克菲勒手中的纸，纸上写着"对高级主管有利的因素"，下面罗列了那位高级主管的许多优点，包括他曾经三次帮助公司做出了正确的决定，那三次为公司赢得的利润可比这一次的损失要多得多。

贝德福德很是感慨，说："我大概永远都忘不了洛克菲勒那一次的冷静。在以后的很多年，每次当我没有办法克制自己，想要对哪个人发火时，我就学着洛克菲勒的样子，强迫自己坐下来，拿出纸和笔，写下那个人的优点。每次当我完成这个清单时，火气基本上也就消失了，看问题也就理智多了。后来，我逐渐把这种做法养成了工作中的习惯。这种做法可以制止我发火——一件最愚蠢的事，避免我在生意场上付出惨痛的代价。"

当你受到别人挑衅的时候，我们要先控制自己的怒气，慢慢来。不妨给自己留出10分钟的时间冷静一下，深呼吸一下，你的怒气会慢慢平息，千万别轻易就让愤怒占了上风，为了一点小事就大动干戈，怒气只会把你的理智给烧尽。

3

在工作和日常生活当中，怎么可能事事都遂愿，一帆风顺呢？所以，当主观愿望与客观实际互相抵触时，就会自觉或不自觉地产生愤怒的情绪。

生气时，我们首先要切记，和睦的人际关系胜过一切，一般发怒的时候，是将自己的利益得失置于和睦关系之上了。当自己觉得舒服了，痛快了，就自然会忘记自己发怒其实也伤害到别人了，彼此之间的关系其实早就受到了影响。

生气时，我们需要直面自己内心的伤害，要记得平静地说出自己的感受。很多人害怕发怒就不能够让事情平静地结束，所以隐忍了怒气。可是，逃避问题并不能直接解决问题。当我们受到伤害时，平静地跟对方表示自己受到了伤害，这不仅可以消除自己的愤怒，也会让那个伤害我们的人有所警醒，在今后的沟通交流中，他会注意你的感受，会注意沟通的方式方法。

不过，需要记住的是，直面伤害并不是去指责对方，而是简单地说出自己的感受。

忍一时，风平浪静；退一步，海阔天空。人们在怒火中烧时，不能意气用事，不能冲动，一定要克制住自己的怒火。当我们用宽容大度的品德修养来对待他人时，别人才会发自内心地产生对自己的尊敬。

149

好好听一句,比说一百句都管用

只有让对方多说,了解他的机会才会越多。而越了解一个人,你就越能赢得他的好感,他就越愿意与你打交道。

1

日本著名的销售员原一平在做销售时,有一次,他想要拿下建筑企业的保单,于是就去拜访建筑企业的董事长渡边先生。一见到原一平,渡边先生就下了逐客令,对此,原一平并没有立马退却,而是诚恳地提问:"渡边先生,我们的年龄差不多,为什么你能够如此成功呢?您可以告诉我原因吗?"

见到原一平求知若渴,希望学习自己的成功经验的模样,渡边先生也不好意思再回绝,于是就向原一平讲述了自己成功的过程,没想到,这一谈就是大半天。原一平在一旁始终认真地在听,在适当的时候提一些问题,虚心请教。

最后,原一平如愿地拿下了渡边建筑公司的所有保单。

看来,要征服一个人的心其实很简单,不要当话痨,而是试着把话语权交给别人,才能拥有更多成功的可能。

2

确实有许多能言会道的人，他们的嘴是身上最发达的器官，无论走到哪里，嘴巴都是身上最锋利的武器。他们只想表达自己，却很少倾听他人。虽然他们算得上一等一的话痨，和别人交流的机会也非常多，但他们并不了解别人，人缘一般。他们说得越多，了解别人的机会就越少。

纽约大学的社会学专家达尼尔格兰曾经做过一个实验，他找了一些女大学生，把三个女大学生分成一组，每一组都是由两名同校女大学生和另一名外校的女大学生组成。这三个人要进行十分钟的交谈。在交谈的过程中，因为有两位女大学生是同一个学校的，所以她们两个会聚在一起谈话，常常忽视另外一名外校的女大学生。

通过对谈话的数据统计，正常对话的同校女大学生在交流的过程中使用的重音在整个谈话中占11%，而那名被忽视的外校女大学生使用的重音达到了41%。而在那些被忽视的外校女大学生中，大概有一半人觉得自己的性格十分内向。

在这个实验中，达尼尔格兰发现，当两名同校的女大学生毫无顾忌地说话时，会自觉或不自觉地夺走另一个外校女大学生的发言权，从而导致她内心出现不舒服，为了吸引注意，说话的声音就会不自觉地增大，这表明她产生了消极的情绪。

所以,在与他人聊天的过程中,别顾着自己叽里呱啦,在表达自己的想法时,也要问问别人:"你是怎么认为的?"多听别人说话,引导别人说话,就是十分有效的沟通之道。只有很好地倾听别人的想法,才能构建稳定的人际关系。

只要是高明的谈话者,他们都有很好的倾听素质。

3

当别人正在说话时,要千万控制住自己的嘴巴,不可轻易插嘴,不要抢着替别人说完话,不要用不相关的话题,或者没有意义的评论,甚至鸡毛蒜皮的小事而打断或者打乱别人说话。

有时候,不插话会降低自己的存在感,那么如何在倾听的过程中适当插话,做一个倾听高手,达到最好的倾听效果,又为自己赢得注意力呢?

方法有很多,但要根据不同的对象采取不同的措施。

首先,对方要跟你谈一件事,不过他担心你对这方面不感兴趣,怕你觉得无聊,而露出了犹豫的神情。这时候,你可以趁机说一两句安慰的话,类似"你能谈谈那件事吗?我不是很了解","我对你说的这个事很有兴趣","请你继续说",等。说这些话的目的是为了表达一个意思:无论你说的是什么,你说得怎么样,我都很愿意听你说。这样,就能够消除对方心中的犹豫,让他能够自信地倾诉给你听。

其次,如果对方在谈话的过程中,因为愤怒或者心烦意乱等因素不能很好地控制自己的感情,这时候你可以用一两句话疏导对方的情绪,类似"你看起来有点心烦","你是觉得很难受吗","如果我是你,一定会非常气愤",等。说这些话的目的是为了"诱导"对方说出心里话,说出内心的感受。对方可能会发泄一通,可能哭,可能骂人,都是正常的,等他发泄完情绪,就会感觉到前所未有的轻松和解脱,之后的情绪也会变得十分从容。

不过,在疏导的过程中,切记不要陷入盲目安慰的误区。疏导,是顺应对方的情绪,为他架设一条"情绪的疏导管",而不是对对方的话做出判断和评价,尤其忌讳说一些"你是对的""他不是你说的这样"等,强化对方的情绪,"火上浇油"。

再者,如果对方在交谈的过程中表达出急切地想要你理解他说的内容时,你可以用一两句话"总结总结"对方话里的中心思想,类似于"你的意思是说……","你想说的是这个意思吧……",等。说这些话的目的,是让你深度理解对方的谈话内容,加深印象,随时纠正理解当中的偏差,同时又能让对方感觉到你的认真和诚意,让他感觉到你的重视。

以上的三种方法,虽然看似不同,但都有一个共同的特点,那就是保持一种始终中立的态度,不对对方的谈话内容发表任何判断和评论,也不对对方流露出的情感做出是与否的表达。

在倾听的过程中,如果在语言中流露出立场是非常不可取的,一旦试图超越这个界限,就容易进入倾听误区,让这一场谈话失去了意义和方向。如果一定要表露出自己的立场,可以通过非语言的信息传递。

如果想从对方那里得到更多的东西,就必须做到多听少说,要知道,说得越多,获得的东西就越少。

你的宽容让你的世界更宽广

如何对待自己的对手, 不仅可以昭示一个人的心胸气度,而且还会暴露你当前的处境。

1

2008年9月,美国大选正如火如荼地进行着,以奥巴马、拜登为候选搭档的民主党和以麦凯恩、萨拉·佩林为候选搭档的共和党之间的争夺战愈演愈烈。为了赢得更多选民的支持,两党之间的对战策略从攻击对方的政策一直延伸到针对候选人的弱点。

　　两党的幕僚们恨不得挖地三尺找到对方候选人的弱点
和丑闻，从而一举打倒对方在选民中的形象。就在这个关键
时期，媒体曝出共和党副总统候选人佩林的女儿17岁未婚先
孕的新闻，这无异于一个"丑闻"，佩林一直声称反对早孕，作
为副总统候选人，自己的孩子都管不好，要怎么去管好一个
国家，为选民做表率呢？

　　佩林本人顿时灰头土脸，共和党也陷入了一种极度尴尬
的境地，开始集体沉默。这时候，民主党的很多人士和支持民
主党的选民，纷纷认为这对奥巴马的阵营是一个宝贵的机
会，只要他对佩林进行强烈的攻击，就能在人气上占据一定
的优势，以更高的支持率领先共和党阵营。人们都期待着看
到奥巴马对此发出的第一轮猛烈的攻势。

　　不过，奥巴马却不为所动。

　　终于有一天，记者拦住了奥巴马："奥巴马先生，请问您
对萨拉·佩林17岁的女儿未婚先孕一事，有什么评价？"

　　很多人都希望奥巴马能够说一句话，而给萨拉·佩林致
命的一击，这也是很多支持民主党的选民希望听到的，因为
这是一个绝好的机会，但出乎所有人的意料，奥巴马轻轻地
摇摇头，微笑着说："你们知道吗？我妈妈在18岁的时候就生
了我。"

　　现场顿时一片沉默。出乎所有人的想象，奥巴马居然会
给出这样一个回答，充满仁慈之心，又十分高尚，甚至是在帮

萨拉·佩林以及她的女儿辩护。

其实,奥巴马可以有很多的答案,而那些答案都能够帮助他获得政治高分,即使是保持沉默不作任何回答,对奥巴马来说都是有利的, 但他却为此牺牲了自己的竞选形象,给出了一个高尚的回应。

奥巴马的表现引起了一片哗然,政治评论家和分析师都为此感到惋惜,但令人没有想到的是,选民对奥巴马的支持率却突然往上升了, 人们都被奥巴马博大的胸怀打动了,他们纷纷认为,只有一个宽厚的人才有资格担任美国的总统。

不过很多人不知道的是,在奥巴马发表评价之前,看似沉默着的共和党的幕僚们其实并没有停止行动,他们在暗地里找到了奥巴马出生之前的全部资料,准备在奥巴马攻击佩林的时候,以"伪君子"的名头攻击奥巴马。不过,严密的计划就这样落空了,因为他们无法回击奥巴马的诚实和宽仁。

后来,佩林因为奥巴马的宽仁,从"丑闻"中走了出来,不过身为共和党的副总统候选人,她始终不能够以一种锐利的形象与民主党进行对抗,更没有强大的力量攻击奥巴马。

俗话常说:"对对手仁慈,就是对自己残忍。"不过,一个真正高尚仁爱的人,就像奥巴马,敢于"降低"自己的位置,对对手施予仁爱,却能够真正地赢得别人的尊重。

2

真正志向远大的人，从不会把自己的目光放在身边琐碎的事情上，也不会去跟比自己弱小的人斤斤计较，当对手失败时，也不会落井下石。苦大仇深是被压迫的形象，咬牙切齿也是处于劣势的人的姿态，那些对竞争对手咬牙切齿，不惜在背后做手脚的人，只是一种街头混混的方式，不体面，也不会有任何出息。

从长远的发展来看，仇恨不能解决任何问题，只会让人变得疲惫不堪。在流言蜚语中，在冤冤相报中，我们会感觉到一种前所未有的疲惫感，被怨恨，被抱怨，被愤怒团团包围，会给你的人生带来很多反作用。

莎士比亚曾经这样说："不要因为你的敌人而燃起一把怒火，热得烧伤你自己。"如果我们的仇人知道我们因为怨恨他们而导致自己紧张不安、精疲力竭，使我们的内心受到伤害，甚至对我们的健康造成危害，难道他们不会特别开心吗？所以，我们要学会不让任何人控制自己的情绪。

3

可口可乐和百事可乐、麦当劳和肯德基、柯达和富士、微软和苹果等世界上著名的公司，仿佛从未停止过斗争。尤其是麦当劳和肯德基，他们斗争带来的最明显的效果就是，吸引了全世界的眼球。所以，不管现在的餐饮业出现多少新兴品牌，却都只能占据一个角落。世界舞台的中央，只站着两个主角——麦当劳和肯德基，似乎只有他们才配互为对手。

事实上，对手是你人生中重要的参照物，只有对手的存在才会证明你本身的价值。

在中外古代的战场上，两支队伍相互搏杀，如果是两个英雄相遇，虽然为不同的主人谋事，不得不在场面上打得热闹，但其实内心是相互喜欢，相互敬仰，不忍加害对方。这样的人，我们称之为"真英雄"，因为他们会在对方的身上看到自己的影子，或者值得学习的地方。同为英雄，只有相互理解，相互尊重，才能够称得上是相互欣赏。

一个真正相配的对手，是不可多得的资源。站在某个角度上，真正相配的对手是相辅相成的关系，斗争越激烈，双方的能力就越能发挥得淋漓尽致。同样，如果其中一方消亡了，那另一方很可能就走向了衰退，除非他能够找到新的能够匹配的对手。因此，珍惜对手也是珍惜自己，对对手宽容也是一种具有自尊的表现。

事实上，世界上绝大多数还是好人。他们对待你的态度取决于你对他们的态度。至于说到他们的毛病，不见得一定比你多。

所以，我们应该努力做到心平气和，冷静理智，谦恭有礼，助人为乐。而不是急火攻心，暴躁偏执，盛气凌人，四面树敌。即使是对于自己不太了解的人，只要对方不是一个十恶不赦之徒，都应友好待之为先。

对于素不相识的陌生人，不要因为道听途说的消息，就对其抱有恶意。产生敌意，甚至无端怀疑，或者拒人于千里之外都是不可取的措施。即使是一个对你确实有敌意甚至不择手段伤害过你的人，也不能出口伤人，随意中伤，因为到头来只会显示出你的幼稚与低级。

倘若真的遇到不是很友好的人，你可以先自我反省，因为对方的行为肯定有原因和背景。你是不是本身有什么问题？你是不是曾经让他受到过伤害？目前或者未来有没有机会消除误会，化敌为友？

有多少自律，就有多少自由

成功的人之所以能够获得成功，是因为他们总是不断进行自我反省，保持高度的自律。人生最大的敌人，不是对手，而是我们自己。哈佛商学院曾经对120名成功人士进行了一个调查，结果发现这120名成功人士有一个共同的特点：每个人都极其自律。对自己的纵容，就是对自己的一种毁灭。

1

著名教育家张伯苓，在担任南开大学校长期间，责己严格，对学生的要求也很严格。有一次，他看到自己的一位学生的手指焦黄，一看就是被香烟熏的，于是走到他面前严厉地说："吸烟对青年人的身体有害，你看你的手指被熏得那么黄，你应该戒掉香烟。"

出乎他意料的是，这位学生立马反驳了他："您自己不是也吸烟吗？您为什么只说我呢？"

这一下，张伯苓哑口无言，脸都憋红了，看了看自己手中的烟，立马撅成两段，坚定地摇摇头："我不抽了，你也别抽了。"

下课以后，他又请工友将自己所有的雪茄烟全部拿出来，当众销毁，工友觉得非常惋惜，舍不得下手。张伯苓说："不如此不能表示我的决心，从今以后，我跟同学们一起戒烟。"从那次以后，张伯苓就再也没有抽过烟。

控制自己其实是一件特别困难的事，我们活在自由自在的年代，对自由的渴望非常高，因此心中永远存在着理智与情感的斗争。不过，如果一个人总是让情感支配自己的语言和行为，就容易让自己成为感情的奴隶。

不能控制自己，就会很容易让自己犯错误。做让自己觉

得高兴的事,不顾一切达到自己的目的,这并不是对自由的
追求,相反,这是被情感所困的表现。因此,我们要有战胜自
己的情感和控制自己的能力。

2

曾经听过一句话:"上帝要毁灭一个人,必先使他疯狂。"
如果一个人不能够控制自己,那么他也无法控制别人。

在这个竞争激烈的社会,没有谁能让事事都一帆风顺,
也没有谁能让所有人都对自己笑脸相迎,甚至有时候,我们
不可避免地会受到他人的嘲笑、误解或者轻视。在这个时候,
如果我们不能够控制自己的情绪,就很容易导致人际关系出
现裂缝,从而对自己的工作和生活产生很大的影响。

能够进行自我控制,能够克制自己的感情,能够约束自
己的言行,也能够控制自己的行为,这在心理上被称为"自制
力",属于意志品质的一个方面。因此,在我们遇到突发情况
时,首先要有自制力,控制自己的情绪,轻易生气只会让情况
变得越来越糟糕。

3

所谓自我控制,其实就是能够合理地控制自己的情绪、
语言和行为,具体一点,即使听到不同意见,也不会排斥他人
的观点和意见。

　　一个能够很好控制自己的人，不仅能够支配自己的热情，还能支配自己的命运。从另一个角度来说，一个成功的人在与他人交往的过程中，首先运用的就是求同存异的心理，这是一种智慧，而拥有这种智慧的人，一定是一个具有高度自我控制能力的人。

　　在与他人相处的过程中，要时刻记住"求同存异"的概念，也就是尊重每个人的习性。每个人都是在不同的背景下长大的，拥有不同的特性，如果不尊重他人的独特性，不允许他人与你有所不同，那只能让自己处于孤立无援的地步。

　　自我控制，的确是一种智慧。

　　要做到自我控制，首先不能随意放纵自己的欲望，切勿为了当下的满足，而以牺牲未来作为代价，由此造成的损失可能是永远无法弥补的。

　　要做到自我控制，其次是要多思考，多包涵他人，在人际交往中充分运用求同存异的同理心，只有妥善处理好自己与他人的关系，才能够获得与他人相处的喜悦。

　　要做到自我控制，再者需要在平时的生活中，时刻提醒自己有意识地培养自律精神。如果发现自己身上有某个缺点或者不好的习惯，给你自己设定一个时间期限，加强力度进行纠正，这样才能取得不错的效果。对自己严格一点，坚持一段时间，就会养成自律的习惯。切记不要纵容自己，为自己找各种各样的借口，只有直面缺点，才会让人格逐渐完善。

第七辑
谁的爱情不是九死一生

生活当中的很多事,不像电影,能硬生生地把普通至极的生活画成一个完满的圆,大多数人都只能眼睁睁地看着它中途夭折,正如《同桌的你》那首歌里唱的:"谁娶了多愁善感的你/谁看了你的日记/谁把你的长发盘起/谁给你做的嫁衣……"

他很好,只是不爱你

人生从来不是只有一处风景的,当你因为逝去的一处风景而痛哭流涕时,可能你将会错过更多的风景。因此,不要沉迷在过去的情感里,逝去的风景不适合你,逝去的那个人也不适合你,往前走,你才会遇到更好的。

不放下过去,我们怎么遇到更好的将来?我们怎么才会获得真正的自由?

1

从前有一位书生,他约定好在某一天跟自己的未婚妻正式结婚,可是,当这一天来临时,未婚妻却嫁给了别人。书生知道后,备受打击,从此一病不起。书生的家人很是担忧,用了各种各样的办法想让书生振作,但都毫无效果,眼睁睁地看着书生奄奄一息。

这时候,来了一个僧人,在听说书生的故事后,决定点化点化他。僧人来到书生的面前,拿出一面镜子,书生通过这面镜子看到了一片茫茫大海,海边躺着一个女子,遇害而亡。走

过来一个人,看了一眼,摇了摇头就走开了;又走过来一个
人,脱下自己身上的衣服,替女子盖上后走开了;又走过来一
个人,在不远处挖了一个坑,把女子的尸体埋了。

僧人收起镜子,解释道:"海滩上躺着的人,就是你未婚
妻的前世。你是第二个路过的人,给她盖上自己的衣服,她在
这一世与你相恋,是为了报答你。不过,那个把她掩埋的人,
才是她要用一生一世去报答的人,也就是她现在的丈夫。"

书生恍然大悟,病全好了,立刻从床上坐了起来。

爱情是一件讲究缘分的事,在茫茫人海中相识是一种缘
分,相识之后深深相爱,也是一种缘分,相爱之后却不能走在
一起,也是一种缘分。

世界上的两个人,从相遇到相识,再到相恋相知,很多时
候往往只是源于一次偶遇,或者一次听说,甚至可能是一个
美丽的错误,但这些都是缘分。缘分,总是妙不可言,让天底
下所有相爱的人牵手人生路,相伴风雨行。

世间万事万物皆有相遇、相随、相伴的可能性。有可能即
有缘,无可能即无缘。

2

棠景是一个非常痴情的女孩,她在读大学的时候,爱上
了同校的江滨,为此,她付出了很多很多。为了让江滨注意到
自己,赢得他的好感,棠景经常帮江滨洗衣服,买生活用品。

只要江滨有什么活动,棠景都会排除万难去看。

不过,江滨告诉棠景自己目前还不想谈恋爱,棠景说没关系,她可以等,她相信只要真心付出,就能够赢得江滨的爱。

大学毕业后,江滨在一家公司做了技术工程师。为了能够和心爱的人更近一些,棠景毅然决然地放弃了安稳的公务员职位,选择在江滨公司附近找了一份工作。下班后,棠景经常去江滨公司楼下等他,周末经常煮了汤送给江滨。

只是,落花有意流水无情,江滨有一天突然告诉棠景,他已经有了女朋友,希望棠景不要再纠缠自己。棠景根本无法接受这个事实,她又哭又闹,却始终无法改变现状,眼看着江滨与女朋友领证结婚了,她知道自己彻底没希望了。

为了避免触景伤情,棠景回到了家乡,只是所在的城市虽然没有了江滨,却依旧令棠景痛苦不堪,她始终没有办法忘记江滨,每天郁郁寡欢,身边的人好心为她介绍男朋友,都被她断然拒绝。

直到有一天,棠景遇到了徐正,情况才有了转变。

有一天,棠景坐在咖啡馆里沉思,心里想着那个不爱自己的江滨,但这一幕被同时坐在咖啡馆里的徐正给画了下来。那一瞬间,棠景突然发现原来被一个人默默关注是一件这么幸福的事。通过几个月的了解和相处,棠景发现自己与徐正十分投缘,而且与他在一起之后,她也渐渐忘记了曾经的不开心。

　　不论一个人有多么优秀，多么有才华，多么让你难以割舍，但是他不爱你，他的心不在你这里。那么，就算有一万个优点，"不爱你"也成了他最大、最不能原谅的缺点，失去这样一个人，根本没什么值得难过和惋惜的。

　　在爱情当中，执着是一件会耗费心力的信念。每个人都希望得到一份真挚的感情，也希望漫长的一生能够有人陪伴，只是，爱情是两个人的事，不是一个人的独角戏。一厢情愿的付出，会给被爱的人带去负担，如果他被迫接受了，只会造成两个人的痛苦。

　　我们都会喜欢一个人，但那个人并不一定喜欢自己。所谓的"专一"，不是指不被接受的爱，而是指被接受的爱，如果是前者，还不如趁早放弃来得更好。无论是一段感情，还是一次机遇，错过了就是错过了。不管你如何痛苦，怎样备受煎熬，又是如何依依不舍，失去的东西也永远不可能再拥有。总是活在过去，让自己耿耿于怀，其实就是在自我伤害。

3

　　人不能总是盯着失去的东西，也不能紧紧地攥着那些曾经的回忆不肯放手。既然已经不再属于你，既然已经不可能再挽回，你再去苦苦相逼又有什么用？你再念念不忘甚至最后让自己走向绝境又能有什么意义？难道这已经注定的结局会因你的痛苦而发生改变吗？

爱情不就是这样的吗？两个人在茫茫人海中相遇，一路相伴。在相伴途中，深爱着的人教自己学会爱，学会付出，学会幸福，即使最后深爱的人离开了，我们还有追求幸福的权利，还能够继续寻找爱，付出爱，以后依旧会幸福。

不是每一朵花都能够在规定的期限里开放，而每一朵开放的花并不都会结出果实。感情也是如此，不是每一段感情都能走到终点。当我们爱一个人，但那个人并不爱自己，即使付出了万般努力，也得不到回报，更得不到一个许诺。

因此，在爱而不得时，不要再执着了，也不要较劲，试着放手吧，给自己自由，也给对方自由，否则，带给双方的只有无尽的痛苦。

你若不疑，情必无恙

每一个深深爱着的人，都应该首先相信你的爱人，不能做到信任，婚姻又有何幸福可言呢？

1

丈夫从主管升为总监之后,回家的时间越来越晚,周萍对婚姻产生了一种莫名的恐慌。当丈夫说晚上有应酬,不能回家吃饭时,她总是会忍不住想他是不是正在跟哪个年轻漂亮的女人在一起;当丈夫很晚回到家,一躺到床上就睡着时,她会偷偷去查看他的手机,甚至会像做贼似的拎着衬衣仔细地闻。

对于周萍的怀疑,丈夫也不是没有察觉,直言说他讨厌疑神疑鬼的模样,夫妻俩之间的争吵越来越频繁,周萍的心情也越来越糟糕了,在好朋友的建议下,她去看了心理医生。

心理医生认真地听了周萍的倾诉,开导了一会儿后说:"这周末,附近的公园有一次活动,你到时候带着你的丈夫一起来吧。"

到了周末,周萍拉着丈夫去了,到了公园发现来参加活动的都是夫妻。心理医生让所有的妻子都面向他站成一排,丈夫一一站在妻子的身后一排,说:"待会儿我喊'开始',前一排的妻子就往后一排的位置倒。夫妻是世界上最亲密的伴侣,妻子们不要有所顾虑,尽力往后倒。好,现在开始!"

妻子们嘻嘻哈哈地笑着,身子一点点地往后倒,周萍也跟着往后倒,不过她留了一个心眼,暗自掌握着身体的平衡,她担心丈夫不会接住自己。果然,她连续听到了几声"扑通"

声,有几个妻子往后倒了,但身后的丈夫没有认真地接着,导致她们倒在了地上,失手了的丈夫满脸通红,那几个妻子眼里都有了泪水。

周萍庆幸自己多了个心眼,暗自高兴,回头看丈夫,却发现他脸色阴沉地盯着另外几对夫妻。那几位妻子往后倒了,丈夫也全力接住了。心理医生笑了笑,大声地说:"这几对夫妻在这一次的实验中表现得最为出色。妻子们扮演了'信赖'的角色,去掉心中的每一丝猜疑和顾忌,百分之百地交出自己;而丈夫们扮演的是'被信赖'的角色,只有信赖了,才能够被信赖。如果'信赖'的土壤不够肥沃,那么'被信赖'这朵花也不能开放,更开不出饱满的花朵;如果'信赖'的土壤足够肥沃,'被信赖'这朵花自然也会开得饱满而美丽。各位丈夫各位妻子,相信你们之中的很多人都在婚姻中感到了困惑,觉得自己不幸福。今天,我举办这个活动,是想告诉大家,信赖是一种幸福,被信赖也是一种幸福。想要获得婚姻的幸福,最先要学会的就是懂得信赖。"

周萍在那一刻恍然大悟,她知道自己没有往后倒是因为缺少对丈夫的信任。回到家后,周萍向丈夫提议再玩一次游戏,她在倒下去之前,问:"老公,你会抱住我吗?"

丈夫有力地回答:"我会的。"

周萍闭上眼睛,直直地往身后倒去,她感觉到丈夫努力地撑住她已经发福的身体。那一刻,泪水从周萍的眼中流出,她知道自己又一次找到了通往幸福的大门。

2

因为每个人的性格、背景不同,同一件事会看出完全不同的是非曲直。其中的原因很简单,每个人由于自身的差异,看待事物时不可能站在绝对客观公正的立场上,而是或多或少地戴上了有色眼镜,掺杂了自己的生活经验、道德标准以及好恶评判,导致我们最后看到了一种想象。

俗话说"眼见为实",但有时候眼睛看到的未必是真的,心中猜想的也未必是对的。有时候,不要过于执着于自己的想法,想来想去想不明白,让自己烦恼万分,还不如放轻松,顺其自然。

感情是两个人的事,不能只靠其中一方的强力控制进行维持。互相猜疑,会给双方都带去伤害,信任一点点流失。失去了信赖,婚姻就容易出现裂痕。

因此,感情双方必须彼此信任,才会让彼此之间的感情越来越深,生活才能幸福美满。

3

章含之的《跨过厚厚的大红门》中有这样一段描述:"有一次,别人看到乔冠华从一个瓶子里倒出各种颜色的药片含到口里很奇怪,问他吃的是什么药。乔冠华对着章含之说:

'不知道,含之装的。她给我吃毒药,我也吞!'"

很多陷入爱情当中的男男女女一定会为这样的对话有所动容,这是一份多么深厚的信任啊!乔冠华对爱的理解十分深刻,每一对深陷爱情里的人,都要相信自己爱的人,如果不能够彼此信任,婚姻又有什么幸福可言呢?

爱情就该慢慢来

我不会对你说:"请给我幸福。"希望你对我讲:"让我们一起幸福快乐地生活吧!"就这一句,足够了。

1

楠楠是个相貌中上等的女孩子,在一家大型国有企业工作,按说找个男朋友是不成问题的。然而,在失恋一两次之后,她变得非常自卑,一旦有人给她介绍男朋友,约会之后,便急于求成,主动地说:"我没意见,就看你的态度啦。"于是,又分手;再谈,再分手,成了"恶性循环"。

为了让楠楠从这样的"恶性循环"中走出来,闺密讲了一个故事给她听。

当土豆刚刚传到法国时,法国的农民对这种高产、抗病的植物并不感兴趣,无论当局花了多少力气去宣传,收效始终甚微,优质土豆始终被冷落,没有农民愿意种植。后来,有人想了一个办法:在试验田中种植了一片土豆,并且让全副武装的哨兵把守着。

这个举动让周围的农民感到好奇,一块普通的庄稼地怎么会有士兵把守呢?于是,趁着哨兵的"疏忽",不少农民溜了进来,偷走了一些土豆,把土豆种在自家地里。

等到土豆成熟时,农民们纷纷发现土豆的优点,于是一传十、十传百,土豆就成了法国农民最喜欢的农作物之一。

这就说明了"送者贱,求者贵"。忘记了是哪位名人说过的一句名言:"爱人者不被爱,被爱者不爱人。"所以,在谈朋友时,要学会拒绝,让对方对你有些"神秘"之感。让他成为"爱人者",让自己成为"被爱者"。这样,你的"恋爱身价"就成了《土豆的命运》中的"土豆",会被格外珍惜。俄国伟大诗人普希金说过,在恋爱中"你不会冷淡,你就别想得到别人的爱"。

2

有人或许会说,这不是教人"作假""虚伪"吗?当然不是!第一次和人家见面,便急于把自己"廉价推销"出去,"买主"

一定会认为你这个人有这样那样的毛病。"送者贱，求者贵"，仔细琢磨琢磨，这里面不是有着非常奥妙的辩证法吗？

现在是一个讲究速度的时代，每个人都很着急，急着工作有所成就，急着谈恋爱，急着结婚。男人们拼命工作，还未拥有足够的阅历沉淀就急于闯世界，女人们既想安逸地享受生活，又想不奋斗就拥有一切。可是，如果连安安静静读完一本书的时间都没有，急着做那些事有什么意义呢？

爱情这回事，需要慢慢来，如果在我爱上你的时候，你也刚好爱上了我，那我们就在一起吧，一辈子都可以。房子不重要，车子也不重要，只要有你就好，结婚、生子，一切都顺其自然。单身、恋爱、结婚，是感情路上三个由浅入深的递进阶段，换一种态度对待感情，坦承地审视情感，睿智地对待你们未来的生活。

单身不是罪，只是一种生活状态，不必因为是单身，而降低自己的底线。即使到了一定年纪依旧单身，也不要因为急着把自己"推销"出去，而不管不顾地降低标准，或者委屈自己迎合他人。

追求幸福不是一件错事，只有谨慎对待，以后对待感情和婚姻才会更认真。恋爱和婚姻都是需要慎重的事，选择一个志同道合的人，对待感情和生活的态度需要达成一致，拥有共同的人生方向，才能够建立良好的恋爱关系。

真正对的人，可遇不可求，在追求爱情的道路上，不要委屈自己,也不要轻易改变自己恋爱的初衷,或者违背自己处事的原则。恋爱和婚姻就像是穿鞋子,合脚的穿起来才舒服,如果不舒服,做一个自由自在的单身汉又有何不可呢?请相信,唯有坚持自己的底线和准则,保持"高标准",才能收获"高质量"的幸福果实。

好的开始是成功的一半, 一个好的起点将会对之后的过程和结果产生很深的影响。如果在一开始的时候,两个人马马虎虎,一个向左走,一个向右走,那么在今后的生活中必定充满各种不确定性, 甚至潜伏着各种危险的隐患。即便两个人走得再远,付出的努力再多,也只能是背道而驰,渐行渐远。

只有在同样的起点,以相同的速度往前走,感情才能够真正长久。

3

爱情是一件浪漫的事,但结婚是一件非常现实的事。

在爱情当中,你侬我侬,彼此相依,但在历经开花之后必定要结果,最终彼此携手走入婚姻殿堂。在现实中,结婚的真实面貌不只是两个人的结合,更是两个家庭的合二为一。如果认为只要两个人有感情就能够支撑和维持婚姻,这就太过于天真了,结婚需要你和深爱的人在各自的个性脾气、生活习惯、思想维度等多方面多做磨合,更需要双方的家庭彼此认可,相互融合,最后才能够组成一个其乐融融的大家庭。

很多人觉得,结婚后不与父母同住就可以免去不少麻烦。的确有越来越多的夫妻离开父母独立组建家庭,可是依旧不可避免地跟彼此的父母进行沟通和联系,依旧需要深入接触对方的家庭氛围。随着逐渐了解和深入,两种不同背景下产生的家庭氛围或多或少地会出现不同程度的差异和碰撞,这与不同国家、不同民族之间的文化会碰撞出火花一样,虽然会令人感到新奇,但也会带来不少烦恼。

两个家庭的背景、成员结构、价值观、人生观、教育观等,都是双方需要直接面对的问题。这些问题,结婚之前存在,结婚之后也会存在,因此不能被忽视。只有越早认清这些问题,并积极面对,才有助于今后二人世界的建设经营,才有利于婚姻生活的幸福美满。

当然,虽然结婚会面临各种各样的问题,但也不需要将其视为洪水猛兽。

可以随时牵手,但不要随便分手

　　每个人的生命里,都会遇到不少人,各种性格,各种不同的人,有几个是你的知音呢?又有几个是深爱自己的人?又有几个是你深爱的呢?与其众里寻他千百回,不如珍惜、疼爱眼前人。

1

　　这已经是她第三次和他说分手了,当她说出口时,她以为他会说:"你考虑清楚了?不后悔?"因为她还记得自己上次提分手,他曾经说过不论自己有多爱她,也无法忍受她反复提分手,考验彼此的感情,如果再有一次,他不会再回头。

　　这一次提分手,她也是考虑了好久,才鼓起勇气发了微信。其实,她很爱他,很想每分每秒都见到他,可是他的工作很忙,很多时候忙得不能陪她,连一个解释都不给。她知道他爱自己,但是这种爱还不够,他虽然不是故意的,他是真的要忙工作,压力很大,有时候累得不想发短信,毕竟每个人表达爱意的方式不同,可是她还是觉得他没有把自己放在心上。

　　每一次她提分手，发脾气，和好；再发脾气，再和好……好像每次都会变成老样子。时间一长，她就觉得好累，总觉得这样互相折磨，还不如彻底分手。

　　他收到了微信，也回复了，却开玩笑似的说："我什么都没有看到，我以后可不想再听到这样的话。"这的确出乎了她的意料，她本来以为自己只要说出分手，他真的就会"再也不回头"了，但却没有。不得不承认的是，她看到他这么说，心里觉得很轻松很舒服。

　　刚好最近是新年，她走在回家的路上，一对对满脸洋溢着幸福笑容的情侣从身边路过，她突然又觉得心酸，他始终不能满足自己，既然自己已经决定分手了，是不是就不要犹豫不要回头了，如果这份感情没有结果，还不如早点结束呢。

　　一边劝着自己，一边听着悲伤的歌，声音很大，但以为自己足够坚强的她还是让眼泪大颗大颗地落下，孤单地走在路上。他打来电话，她想了想，还是接了，但也不说话，只是拖长了声音，回一个"嗯"。她哭着说想要分开一段时间等彼此想清楚了再联系，他拒绝了，她也只是回"嗯"。

　　一个人走着走着走到了超市，想到回家也只有一个人，就在超市里乱逛，等到出来时却发现回家的末班车已经没有了。天色已晚，她很害怕，发微信问他要怎么坐车才能回家。他说了一大通，但还没有等她坐上车，他就开着车从公司赶了过来。

　　他接过她手中的两个塑料袋,然后开着车往家走。12点了,寒风凛冽,他问:"你怎么了? 又在想什么呢? 为什么又要提分手? "

　　她轻声说:"我还是不懂你,不知道你在想什么,跟你好像永远没有办法沟通。"

　　他不说话了,她看着他的面容,发现他很疲惫,许是工作累了,她忽然想到自己从未真正体谅过他,反而常常因为这样那样的小事跟他闹, 但他也从来不生气, 好脾气地哄着她。想到这,她已经不生气了,她已经原谅他了,她发现自己好爱他。

2

　　女孩子都喜欢浪漫,都喜欢甜蜜的爱情,至死不渝。只是,浪漫没错,浪费就是大忌;牵手可以随时,但分手不能随便。

　　"分手"两个字十分沉重,请不要轻易说出口,因为每次说出口,你永远不知道它会给两个人的感情造成什么样的影响。很多时候,他是爱你的,只是不知道怎么去爱,不知道该怎么做罢了。

　　爱情需要时时刻刻都珍惜,不能等有空了才去珍惜。相遇是缘分,相爱也是缘分,彼此都需要努力适应对方。珍惜对的爱情,不要轻易放弃,因为你放弃的可能是一辈子的幸福。

其实每个人都期望得到一份至死不渝的爱情，不过有时候不能如愿。有人说，失去的恋情总是令人难忘，失去的人总是刻骨铭心，得不到的东西总是最好的。其实不然，珍惜或者放弃，都是生命中必须经历的过程，也是每个人生活当中不可抹去的一种经历，珍惜眼前人，你一定会收获属于你们的幸福。

爱情需要的不是繁重的压力，而是应该学会放松，所以别给自己太多的压力，什么样的心态会给予你什么样的爱情。因此，在爱情之中，做好自己就够了，不要为了讨好别人而去轻易改变自己。同样，也不要因为一些原因，顽固不通。

无论你如何相信缘分，相信属于自己的永远都是自己的，也不要在失去爱情后，才想要去珍惜。毕竟，爱情不会等你有空才出现在你的面前。

3

在茫茫人海中，能够找到一个自己喜欢的，互相疼爱的人，很不容易。这是一件多么大的幸事。当然，在相处过程中，你会发现那个人没有那么完美，也没有想象的那么好，彼此的沟通也不如你预料的那般顺畅，但其实也不会太过糟糕。

生活原本就有许多坎坷，不如自己想象中美好。所有的幸福，都要彼此知福惜福才能够获得。人与人之间需要互相体谅,爱情当中更是如此,互相关怀,互相照顾,少责备,少怪罪。

当你只知道一味追求,一味向前,为了自己的欲望和追求不顾一切,甚至不择手段,给自己太大的压力,不懂得珍惜,你会发现自己失去的东西越来越多;当你懂得珍惜时,你会发现你得到的东西越来越多。

人无完人,人生也没有完美无缺的,而是总有这样那样的遗憾。拥有遗憾并不值得难过,值得难过的是为了掩饰这种缺憾,盲目地错过了人生中的美丽景色。

爱情也没有完美无缺的,两个人一定都会有这样那样的缺点,不要给彼此太大的压力,毕竟,爱情只要合适就好,只要随意舒服就好,只要淳朴可爱就好,只要状态真实就好。

人的世界本来就是充满了各种各样的遗憾,不完美在一定程度上才是完美,缺憾有时候也是一种美丽。

30年后，你还能和他聊得来吗？

假如你在为结婚的事犹豫，那就安静下来，问自己一个问题：当你八九十岁时，是否依旧能与对方交谈甚欢？

1

实力派演员王志文，一直等到40多岁了才结婚。在这之前，有一次他做客《艺术人生》，当主持人朱军问他为什么到现在还没结婚时，王志文说："我希望找的是一个能随时随地交流、聆听的人，哪怕是半夜自己把她推醒，她也不会敷衍地说'讨厌死了，明天再说吧'，而是会立刻赶走睡意，和我聊到天明。"

曾经有一个女主管，她与自己的丈夫之间有个奇怪的约定，他俩在每天晚上睡觉前，必须聊一个小时的天。在这一个小时里，她与丈夫互相诉说彼此当天遇到的事，烦恼的或者开心的，还会谈谈琐碎的生活和对事业的追求，而后两个人相拥而眠，幸福极了。

闺密听说了这个约定，不大理解，女主管理直气壮地说：

"如果他连每天陪我聊一个小时都做不到的话，我嫁给他做
什么呢？"

如果决定嫁给一个人，那个人一定要能跟自己聊天，这
是共同步入婚姻殿堂的基础。试着想一想，两个人生活在一
块儿，如果没有可以聊的内容，而只是搭伙过日子，那未免也
太可悲了。在白天，有朋友和同事能够谈天说地，解闷娱乐，
可是到了晚上，回到家却没有一个可以说话的人，漫漫长夜，
想想都觉得可怕，没有合适的人解闷，那么时间长了，这个人
一定会得抑郁症的，或者会丧失部分语言功能。

这个地方，怎么称得上是家呢？

除了能够沟通之外，两个人最好还有共同的兴趣爱好、
人生观和价值观。毕竟没有共同的兴趣爱好，结婚之后很可
能会因为步调不一致而让彼此痛苦不堪。

2

曾经看过电视剧《康熙王朝》，剧里的康熙有着三千后
宫佳丽，不过在这些佳丽当中，他最喜爱的佳丽是容妃。不
管是国事还是后宫的事，康熙会把所有的烦恼都向容妃倾
诉。他常常对容妃说的一句话是："朕想和你说说话。"后
来，容妃被废，这位高高在上的皇帝连一个能够说说话的
人都没有了。

哪怕是再高不可攀的人，对爱人的要求也十分简单，只

希望能够说说话而已。

很多人都说,结婚就像是人的第二次重生。我们不能够选择自己的出身,但是我们拥有选择婚姻的权利,如果跟一个无法进行沟通交流的人结婚,难道不觉得别扭吗?

现代社会,婚内分居的现象越来越普遍了,有时候与其说两个人共同经营着一个家庭,不如说是在同一个屋檐下搭伙过日子。"你有你的书房,我有我的闺房。"除了吃饭时间必须面对面之外,其余时候很少甚至没有任何交流,他玩他的游戏,她看她的电影,两个人不争、不抢、不闹,他不会想着去压缩她的空间,她也不干涉他的任何时间,连像普通朋友那样彼此交谈都没有,这是共同生活的两个人吗? 这不就是住在同一房间里的两个陌生人吗?

很多人觉得找一个能跟自己聊天的人结婚是一件很简单的事情,但其实不是的,一个愿意随时随地陪你说话的人其实很少,因为这毕竟意味着他要随时准备放下手中的事情去陪你。

金钱的多少与事业的成败只能成为一个人优秀与否的标准,却不能够评判一个人是否幸福。在现实生活中,真正的幸福是很平淡却又很实在的,为此,我们需要的是在思想上与自己产生共鸣,至少能够理解自己的人。知冷知热,毫无障碍地沟通,只有这样,我们才能赶走生活中的孤单和寂寞。

3

根据调查显示,每个人每天都要说够一定数量的话,才能排解内心的郁闷,心情才会好,内心才能够保持平静与安定。

一个不愿意陪妻子聊聊天的男人,会导致妻子心生郁闷。然而聊天并不是女人的专利,男人也一样有这样的需求。因为,人类是群居动物,不能总是与孤独相伴,一个正常的男人不说话不代表他不想说,而是没有一个合适的人来倾听。

前辈劝后来人:"不要因为孤独而恋爱而结婚。"可是,孤独难道不是人类的宿命吗?如果没有孤独围绕着,哪里来的彼此靠近?于是,前辈又劝后来人:"你一定要找一个你愿意与其聊天的人结婚,因为等到年纪大了,你会发现原来喜欢聊天是如此大的优点。"

漫长的婚姻会经历很多事,有些会令你刻骨铭心。可占据婚姻中大部分时间的,是两个人之间的谈话,并且随着年龄的增长,你对交谈的需求也就越多。

年轻时,我们对周围的一切都很好奇,遇到很多的人,想说很多的话,毫无顾忌,即使遇到一个陌生人,也能聊得津津有味。只是,随着年纪的增加,我们慢慢发现自己越来越不爱说话,因为能和自己说话,听自己说话的人越来越少,甚至慢慢变成了一种奢望。这个时候,我们就会想,如果我们的另一

185

半是那个可以和自己聊天的人,那该多好。

找到一位能交流、能聊天的知心爱人是一生的幸福。一个真正的爱人,可以为对方付出生命的代价。

婚姻很漫长,两个人相对无言,天天大眼瞪小眼,毫无精神上的交流,这该是一件多么令人痛苦的事情。因此,找一个爱和你聊天的人步入婚姻的殿堂吧,在这个复杂多变的世界里,能拥有一个时时刻刻陪伴在你身边,与你聊天的另一半,便是拥有了世界上最大的幸福。

第八辑

世间本来没有路，走的人多了就成了路

生活的本质是态度。每一个人的经历都是平等的，有经历挫折和不幸的机会，也有获得幸福和美好的机会，你可以活得很积极，也可以很消极，关键就在于你的态度。

心里的恐惧，永远比真正的危险大

　　每个人都会恐惧。恐惧就像是一个小魔鬼，在你稍不留神时就会偷袭你、侵扰你，让你对面前的世界充满恐惧。面对如影随形的小魔鬼，我们如何能够不怕它呢？

1

　　麦克·英泰尔今年37岁，是一个平凡的上班族。有一天，他突然决定放弃自己薪水丰厚的记者工作，把身上所有的钱都捐给了街头的流浪汉，带了几件干净的衣服，从阳光明媚的加州出发，希望靠着搭便车横越美国。

　　原来，麦克·英泰尔有一天问了自己一个问题："如果今天是我的死期，我会后悔我这一生吗？"想到这，他肯定地点点头，忽然他就痛哭了。尽管有着一份不错的工作，有一个美丽的女朋友，也有亲朋好友，可是他发现自己这一辈子不仅过于平凡，而且极其懦弱。

　　通过深刻的检讨，麦克·英泰尔写了一张恐惧清单：怕保姆、怕邮差、怕小鸟、怕小猫、怕虫蛇、怕蝙蝠、怕黑暗、怕大

海、怕城市、怕荒野、怕热闹又怕孤独、怕失败又怕成功、怕精
神崩溃……几乎无所不怕。

　　眼看着自己精神马上要崩溃了，懦弱的麦克·英泰尔仓
促决定上路，这一趟横越之旅的目的地是美国东海岸北卡罗
来纳州的"恐怖角"，他希望征服"恐怖角"，以象征他征服自
己生命当中所有恐惧的决心。

　　这一路上，麦克·英泰尔没有接受过任何人的金钱馈赠，
不是为了证明金钱是无用的，而是想用这种正常人难以忍受
的艰辛旅程让自己能够直面所有恐惧。这一路上，麦克·英泰
尔曾经在雷雨交加的夜晚睡在潮湿的睡袋里，也曾经遇到过
令自己感到胆战心惊的像是公路分尸案杀手或抢匪的家伙，
也在游民之家靠打工换取过住宿，也曾经住过几户陌生的家
庭，也曾遇到过患有精神疾病的好心人，一共接受了82个陌
生人的仁慈，吃了78顿饭，走了6000多千米路。

　　终于，他到了"恐怖角"，只是他发现恐怖角并不恐怖。原
来，16世纪时，一位探险家到了这里，为这里取名叫"Cape
Faire"，但被讹写为"Cape Fear"，误导着后来的人，"恐怖角"
由此而来。

　　在那一刻，麦克·英泰尔也终于明白："这个错误的名字，
就好像我自己的恐惧。我一直害怕做错事，我最大的耻辱不
是恐惧死亡，而是恐惧生命。"

2

有一处地势险恶的峡谷，涧底奔腾着湍急的水流，而所谓的桥则是几根横亘在悬崖峭壁间光秃秃的铁索。

有一天，有四个人来到桥头，其中一个眼睛看不见，一个耳朵听不见，其余两个耳聪目明。四个人一个接着一个，抓着铁索往前走。

最后，眼睛看不见的人过了桥，耳朵听不见的也过了桥，而其中一个耳聪目明的人却跌入深渊丢了性命。

难道耳聪目明的人还不如盲人、聋人吗？

是的！他的致命弱点恰恰是耳聪目明。

眼睛看不见的人说："我是个盲人，什么都看不见，山高不高，桥险不险，我都看不见，只管自己心平气和地走。"

耳朵听不见的人说："我是个聋子，什么都听不见，河流咆哮也好，怒吼也好，我都听不见，自然也就不觉得恐惧了。"

那个过了桥的耳聪目明的人说："我过我的桥，险与我何干？咆哮与我何干？我只是要过桥，我只要落脚稳固就好了。"

3

不管是在生活中，还是在工作当中，很多人会因为害怕失败而不敢轻易尝试或者轻易改变，而这种恐惧心理，让很多人与成功擦肩而过，错失了很多机会。

　　我们心中的恐惧，才是我们要克服的最大障碍。失去了一些东西，其实无伤大雅，可是失去了勇气，几乎就一无所有了。

　　每个人都是天生的冒险家。根据科学家的研究，人类在生命最初的五年，其实是尝试冒险最多的年龄段，学习的能力更强，接受得也更快。仔细想一想，一个不足5岁的孩子，每天都在不断探险，每一次的自我尝试都是一次冒险，尝试着站立、走路、吃饭、说话等。可是，在这个单纯无知的年纪，他们把一切的冒险都当成理所当然，不管跌倒还是受伤，始终都在坚持"探险"。

　　可是，为什么当年纪大了，经历了那么多事之后，人却变得越来越胆小，越来越不敢冒险了呢？

　　这是因为，经过不断的尝试后，很多人会得出一些经验，比如怎么样是安全的，怎么样是危险的。所以每次遇到一件不熟悉的事，就会根据以往的经验判断这件事是不是会对自己产生威胁。所以，年纪越大，就越讨厌冒险和改变，就越喜欢安于现状，因为这样比较安全。

　　这种心态很好定义，行为学家称之为"稳定的恐惧"。很多人因为害怕失败，所以不敢轻易尝试，恐惧冒险，因此就一直在远处观望，不敢争取自己想要的东西，也得不到。只是，他们都忘记了，只要是值得花费心力去做的事，多多少少都带有风险。万事开头难，一定不要被这第一步吓倒，越看似不可能的事,你越胆怯,它就会变得越遥不可及。只有勇敢地迈出第一步,以后的路才会走得轻松自如,才会越走越宽。

你要的是水,就不要去比较杯子

你可以继续自叹命苦,也可以采取新的行动,做点有益的事。如果你不肯割舍杂乱,你就得不到清幽和专注。

1

毕业5年后,曾经一个班的大学同学到老师家聚会,说好是一块儿叙叙旧,结果才刚坐到一起,一个个都在抱怨,有的人说自己的工作很累,有的人说自己的感情经历坎坷,有的人说自己的身体状况不佳,说到最后,好像没有一个人是幸福的。

老师一直静静地听着,也不说话,笑了笑,而后拿出一堆杯子,说:"说累了吧? 来,我给你们一人一个杯子,你们自己倒水喝吧。"

学生们都停下来,倒满水,把杯子握在手中。看着每个人都拿了杯子,老师突然开口说话了:"看看,你们手里的杯子和桌子上的杯子哪个更漂亮? 我觉得,你们手中的杯子更漂亮,桌上的很普通。"

一个学生点点头,感叹:"是啊,谁不希望自己手里拿着的是最好的呢? "

老师点点头,语重心长地说:"没错,可是你们需要的是水,又不是杯子。这才是你们烦恼的根源吧。"

同学们听到这,顿时恍然大悟。

2

同事阿芳有一个假期,决定自己去旅行,她选择的第一站是游历一座名山。当她气喘吁吁地爬到山顶时,立即被眼前的景色震慑到了。站在山顶,所有的美景尽收眼底,烟雾缭绕,绿意盎然,令人心旷神怡。

她一边拿着相机拍照,希望把目光所及之处的风景都拍下来,一边感慨如果不爬到山顶,怎么能够欣赏到这么美丽的景致呢,果真是"无限风光在险峰"。

等到天色渐暗,阿芳下了山,却发现原本热闹的景区已经没什么游客了,而自己要搭乘的班车也已经停运了。她抱着相机愁眉不展, 想了想如果走到自己住的小旅馆,大概还有5公里的距离,起码得走一个小时,可是她从早上开始爬山,一直走了一天,体力都耗得差不多了,哪里还有力气走回去呢？

想到这，她对自己很生气，恨不得打自己。

这时，一个卖水果的老奶奶收拾好摊位，准备走了，回过头问她："姑娘，天已经黑了，你怎么还不回去，是还在等朋友吗？"

阿芳气呼呼地跺跺脚："没车了，我怎么回去？"

老奶奶笑着说："没车了就走回去吧，生气有什么用啊？"

阿芳摇摇头："我走不动了，我气自己为什么这么糊涂，天黑了都不知道。"

老奶奶笑了，说："这点小事也能让你生气啊？姑娘，你爬山是为了什么呀？"

阿芳说："旅游，看看风景，放松放松心情。"

老奶奶点点头："这不就对了。既然是出来旅游的，不管怎么都是旅游，坐车和走路有什么不同吗？既然是想放松心情的，为了这么点小事就跟自己过不去，何必呢？"

阿芳恍然大悟，用力地点点头，而后迈开脚步，一步一步地走在回小旅馆的路上。尽管山里的夜似乎更黑，不过第一次在山里走夜路的经历，给她一种完全不一样的感觉。走着走着就走得兴奋了，比原先设想的时间更早到了旅馆。洗漱完毕后，她躺在旅馆的小床上，看着窗外的月亮，内心有一种前所未有的安宁。

3

其实每个人都会发脾气，可能是烦恼，可能是气愤，看什么都不顺眼，做什么都提不起精神。也许是在工作中遇到了一些困难，又或者是生活给了特别大的压力，又或者是家人出了意外……很多因素，都可能引发烦恼和气愤，不过究其根源，是一个人的认知出现了问题。

因为错误的认知，有些人很多时候都在坚持一种并不正确的看法。当太阳悬挂在高空当中时，灿烂、炫目，你认为太阳就是这个样子的，可是科学家告诉你，这只是太阳8分钟之前的样子，因为地球距离太阳太远了，阳光需要8分钟才能达到地球；当星星在天上闪闪发光，你以为它就在那里亮着，可是事实上，那些星星可能在一千年、两千年甚至一万年前就已经消失了。

你需要的是水，就不要去比较杯子，我们必须非常小心地看待自己的认知，否则就会因此而受苦。你可以试着在纸条上写着："你确定吗？"然后贴在房间，这将对你有很大的帮助。

因此，当生气或者痛苦的情绪产生了，记住请回归自己，认真地检查自我认知的本质，审视自己相信的事情。很多时候，只要修正了错误的认知，心中就会浮现幸福和自信的感觉，你将会重新拥有前进的能力。

有些事情必须"半途而废"

每个人都想要活得开心,那怎么样才能开心呢？放弃烦恼,才能够与快乐同行。遇到事情要学会想开,该执着的时候请千万执着,但该放弃的时候请一定要放弃。不要以为所有的执着都是褒扬,有时候,执着只是一种固执,只是当局者迷而已。

1

有一家著名的公司近期打算招聘一名业务代表,经过激烈的选拔, 层层筛选, 最后进入终试的只有A和B两位应聘者,但公司的预算只允许招一个岗位,因此为了从A和B当中挑选出一位最适合这份职业的人,公司决定再通过一个测试来衡量他们各自的能力。

A在第二天就被通知前来进行最后的考核。面试的时候,A表现得十分稳重,对答如流,面试官们满意地点点头,其中一位站起来,递给A一把钥匙,请他从小屋里拿一只茶杯来。

A站起身,去开小屋的门,可是他试了几次,发现这个门怎么都打不开，他不相信自己开不了一扇门，于是就慢慢拧，可是拧了很久也还是打不开。他想了想，这应该是面试官给自己出的难题，毕竟如果连这道门都打不开，如何才能打开顾客的心灵呢？这时，因为一个劲儿地往里拧，导致钥匙被拧断在锁孔里了。

为什么这把钥匙打不开这道门呢？A觉得难以置信，转过头问面试官："请问，您确定是这把钥匙吗？"面试官抬了抬头，看了A一眼，回答："这是打开屋子，取出茶杯的钥匙。"A不好意思地挠挠头，说："可是这门打不开。您渴吗？需要喝水的话……"

面试官摇了摇头，打断了A的话："你回去等通知吧，如果三天内没有接到电话，你可以尝试找其他的工作。"

B是第三天才来面试的，他回答问题不是特别顺畅。面试最后，面试官也给了他一把钥匙，说："请你从小屋里取一只茶杯来。"身后的那扇门，B用钥匙也打不开，这时，他看到了旁边的屋子，就走过去用钥匙开，他认为面试官没有直接告诉他钥匙是开这间屋子的，那么就可能是开其他屋子的。抱着试试看的心态，钥匙果真插进去了，门开了，B从小屋里取出了茶杯。

面试官特别开心，拿着B取出的茶杯，倒了一杯水递给B，说："祝贺你，你被录取了。现在，喝完这杯水，就签协议吧。"

2

在非洲,当地居民要抓捕狒狒,但狒狒特别聪明,抓捕并不容易,后来他们发明了一个奇特的方法:居民先高高举起狒狒最爱吃的食物,故意让远处的狒狒看见,再立刻把食物放进一个口子小里面大的洞里,然后就走远了。这时候,狒狒就会活蹦乱跳地跑过来,把手伸进洞里,一把抓住食物,不过因为洞口很小,狒狒的爪子一旦握成了拳就抽不出来了。

当地居民就会趁机过来,不慌不忙地收获猎物,他们从不担心狒狒会逃跑,因为狒狒根本舍不得唾手可得的食物,看到居民走近了,就很慌张,想着把爪子抽出来,结果越来越紧张,爪子根本不能抽出来。最后,只好成为居民的"囊中之物"。

其实,狒狒只要放弃食物,就能够保全自己的性命,不过它们就是不肯。这是一种十分愚蠢的固执。

从前,我们总是被教育,执着是一项好的品质,值得效仿和学习,因为不放弃就是坚持到底。不过,很多时候,放弃才是一种大智慧,因为放弃更需要勇气。好比,找工作碰壁的人不肯放弃僵化的择业观念,最后只能怨天尤人,郁郁寡欢;失恋的人不肯放弃已经消失的感情,最后只会把自己弄得精神崩溃,悲痛万分;赌博的人不肯放弃"万一赢了呢"的侥幸心理,最后只能倾家荡产,血本无归……看,盲目的执着就好比一种自欺欺人的固执。

有些事情，需要一种"半途而废"的精神，这也就要求我们分辨出什么时候是放下的最佳时机，及时放下，转变方向，才能实现自己的终极目标。

生活中也有些人从小就抱有美好的梦想，也身体力行去追求、去坚持，但他们牺牲了美好的青春，激情也慢慢消耗殆尽，留给自己的却是一个生命的残局，可是他们仍然觉得是上苍跟他们开了一个玩笑。殊不知，是他们自己的固执埋葬了自己的青春年华。

做出正确的选择，需要智慧；让自己学会放下，需要勇气。如果确定自己选择的方向是正确的，那一定要坚持到底；如果在一条明知道错误的道路上奔走，只会加速毁灭的进度，这时候，唯有适时地放下那些毫无意义的坚持，才会寻得更多的机会，到达成功的彼岸。

我们要懂得适时收手，与其苦苦挣扎，蹉跎岁月，还不如选择放下。若我们放下了那种偏执，说不定会柳暗花明，别有洞天。否则，我们就可能会被痛苦纠缠一生。

3

据新闻报道，1996年的春天，12名攀登珠穆朗玛峰的登山者死于暴风雪的袭击，不过，当时同行的另一位登山者克洛普却保住了自己的性命，因为他在距离珠穆朗玛峰峰不到100米的位置停住，转身下山了。

对克洛普来说,登上珠穆朗玛峰的峰顶,意义重大。那一次,如果在不携带氧气的情况下成功登顶,将会刷新攀登珠穆朗玛峰的世界纪录。但是,如果花45分钟的时间到达峰顶,就会超过安全返回的安全时限, 没有办法在夜幕降临前下山。遇难的12名登山者,全都登上了峰顶,但由于错过了安全返回的时间,不幸葬送了性命。

执着做自己想做的事,始终不肯放手,除了消耗大量的时间和精力之外,最严重的还可能失去性命。不要因为一时的执着,失去做真正该做的事的机会,失去实现真正梦想的机会。

经过几周的休养调节, 克洛普终于登上了珠穆朗玛峰峰顶,而且毫发无损。

如果与其他12名登山者一样,非要登顶,那克洛普很可能也失去了宝贵的生命。试着想想,在克洛普放弃登顶时,他是否也犹豫过,是否想过,坚持一会儿是不是就能登顶了?肯定的,每个人都在往上走,只有他选择放弃。选择放弃,需要多大的力量啊,幸好,他最终做出了最正确的选择。放弃不必要的执着,才能更好地到达目的地。

在该放弃时勇敢放弃,是明智的选择;主动放弃,需要坦荡的心境与博大的胸襟,需要不在意别人的眼光,更需要勇气和魄力。有所坚持,有所放弃,只有这样,我们的内心才能更平衡,不盲目固执,也许才是人生的捷径。

发牌天注定，打牌你决定

生活不如意事，十之八九。坎坷是客观存在的，没有人能够消除它的存在，不过我们可以选择，选择以什么样的态度面对坎坷，选择以什么样的人性面对坎坷，因为生活最终的选择权只在自己手中。

1

年轻时，艾森豪威尔常常和家人玩纸牌游戏。有一天吃过晚饭，像往常一样，一家人聚集着在打牌。不过这一次，艾森豪威尔好像遇到了坏运气，每次都抓到特别糟糕的牌，他渐渐开始抱怨，最后实在忍不住了，发起了脾气。母亲站在一旁，看不下去了，严肃地说道："既然要打牌，你就只能用你手中的牌打下去，不管牌是好是坏。要知道，好运气不可能永远光顾于你！"

这时候的艾森豪威尔哪里听得进去，依然不停地抱怨，不停地发脾气。母亲见他气呼呼的样子，就心平气和地告诉他："其实，人生就和打牌一样，发牌的是上帝，不管你手里的牌是好是坏,你都必须拿着,你都必须面对。你能做的,就是让浮躁的心情平静下来,然后认真对待,把自己的牌打好,力争达到最好的效果。这样打牌,这样对待人生才有意义!"

母亲的话犹如当头一棒,令艾森豪威尔在突然之间对人生有了直观的感悟。此后,他一直牢记母亲的话,并以此激励自己去努力进取、积极向上。就这样,他一步一个脚印地向前迈进,成为中校、盟军统帅,最后登上了美国总统之位。

印度前总统尼赫鲁曾经说过这样一句话:"生活就像是玩扑克,发到手里的是什么牌是定了的,但你的打法却完全取决于自己的意志。"人生就像是打牌,抓到手里的牌有好有坏,抓到什么就是什么,不能自己选择,更不能随意更换。拿到了不好的牌,如果只是一味地抱怨,根本起不到任何作用,牌并不会因为你的抱怨而变得更好。这时候,你能做的,或者应该做的,是及时调整自己的心态,优化组合自己手中糟糕的牌,并抓住机会,把每一张牌都打好。

2

提起潘石屹,提起潘石屹的"SOHO现代城"和"长城脚下的公社",可以说是无人不知,无人不晓啊,但是,别以为他是随随便便就成功了,他的成功也是付出了很多的努力才得到的。

1981年,从北京培黎学校毕业的潘石屹,考了第一名,而后被石油学院录取了。1984年，潘石屹从石油学院毕业，被分派到河北廊坊石油部管道局经济改革研究室工作。

工作期间，由于自身的聪明以及对数字天生的敏感，使潘石屹得到了领导的赏识。这样的日子，按部就班地过着，似乎也没有什么不对。

后来有一次，办公室里新分配来一位女大学生，在分配桌椅时，她表现得十分挑剔，潘石屹就劝她将就着用吧，没想到女大学生一脸严肃地说："那可不行，要知道，这套桌椅可是要陪我过一辈子的。"这句话，让潘石屹为之一颤，他在想自己难道也要跟这套桌椅度过一生吗？

思维正在变化，这时，潘石屹遇到了一位在刚刚开放的深圳创业的老师，通过沟通后，潘石屹放弃了稳定的工作，决心改变自己的命运。

1987年，潘石屹变卖了所有的家当，口袋里只揣着80元钱，就跑去了广东打工，后来又辗转去了海南，与朋友合开了一家公司，自己当起了老板，开始了自己的经商生涯。通过不懈的努力，潘石屹迅速完成了资本的积累。

1993年，潘石屹在北京注册了北京万通实业股份有限公司，任法人代表兼总经理。他在北京房地产界开始了自己的创新与创业，最终实现了自身的价值。

3

漫长一生中，充满了各种各样大大小小的选择，大到人生信仰，小到今天早上吃什么早餐，选择不同，将来走的道路也不同。

人可以靠自己做出的选择来决定自己的命运。

人们喜欢鱼和熊掌，但却不可兼得。很多时候，选择与放弃是相辅相成的，选择一样东西就意味着放弃一样东西。每个人的时间和精力都是有限的，因此，在有限的人生当中，我们必须做出选择。

在复杂的生活当中，有许多插着鲜花的陷阱，也有布满荆棘的道路，面对诱惑，面对困难，只有真正控制自己，把握住自己，才能够做出正确的选择。

选择，在一定程度上就是要学会控制自己。纵观从前的历史，那些令人痛心疾首的千古遗恨不都是因为无法自控而留下的吗？

在人生的关键时刻，一定要用自己的智慧，去选择，去放弃，这样才能做出最正确的判断，选择正确的人生方向。同时，要注意你的选择角度是否存在偏差，以便适时地给予调整。不可否认，只有学会选择和懂得放弃的人，才能创造出美好的人生。

第九辑
若是美好，叫作精彩，若是糟糕，叫作经历

　　我们总是羡慕那些把日子过成诗的人，因为他们在任何情况下，不管遇到什么样的环境，都能从中发现美好和有趣的一面，同时心怀感恩，把失去看成是另一种获得。不过，要把日子过成诗，靠的是一个人的心性、眼界和价值观。

像容忍自己一样容忍他人

如果不懂得宽容他人,在生活当中会显得笨拙;如果不懂得宽容自己,在生活当中会让自己受伤。

1

从前,有一位画家,他每天都去集市上卖画。有一天,一位大臣带着自己的孩子来集市上买画,他的孩子看上了画家的一幅画,大臣就去与画家交涉。不过,大臣曾经把画家的父亲折磨致死,画家非常痛恨这位大臣,于是在画上盖了一块布,说这画不出售。

大臣的孩子没有买到画,心情特别不好,回家之后还对那幅画念念不忘,大臣只好又跑去找画家,说自己愿意出高价,但画家始终不肯把画卖给大臣,他黑着脸坐在画前,好像自言自语似的:"这是我的报复啊。"大臣见画家不为所动,只好走了。

画家每天早上都有一个习惯,就是描一幅神像。不过,时间长了,他发现这些画像一天天地变得不同,但又看不出是哪里不同。这令画家感到苦恼，苦苦思索，却不得其果，直到有一天，他在描绘神像时突然发现神像的眼睛竟然像极了那位大臣的眼睛，不仅是眼睛，连嘴唇也像。画家心中一惊，急忙撕毁了神像，仰天长啸："我的报复来了，来了。"

2

真正聪明的人都知道，宽恕是一种极其难能可贵的美德，更是一种理性的行为，在一些事情上适当地宽容别人，往往就会赢得许多意想不到的效果，毕竟一个不能宽恕他人的人常常也不会宽恕自己。

日本商界把松下幸之助奉为"神明"，是因为他先进的管理方法，众所周知的就是他在关键时候可以做到及时宽恕。原三洋公司的副董事长后腾清一慕名前来投奔到松下的公司，担任一个工厂的厂长。原本他想在这儿做出一番大事业，不幸的是，由于自己的失误，工厂在一场大火中成了一片废墟，造成了巨大的损失。后腾清一害怕极了，一是这份工作肯定保不住了，二来可能被松下公司追究刑事责任，这辈子算是毁了。

他曾经听说过松下是一个认真的人，部下犯了错，他总是严厉批评，后腾清一已经做好了准备，但松下这一次居然没有批评他，只是在他的报告上批了四个字：加油干吧。

对于松下的宽恕，后腾清一十分感动，但心中的愧疚也就更深了,于是他在之后的日子里,更加忠心,加倍工作,为公司创造出巨大的价值,远远超过了当年工厂的损失。

及时地宽恕他人,不仅不会让自己深陷在愤怒或者烦恼的情绪当中,而且还会让自己的未来拥有更多的发展空间。

3

林某与同事之间发生了一点摩擦,双方闹得很不愉快,林某气不过,直接对同事说:"我们断绝所有来往吧,从今天开始,再也没有任何瓜葛……"结果,这话说了还不到两个月,那位同事升职了,成了林某的上司。林某想起自己说过的那些话,觉得特别尴尬,工作进行得不顺利,最后只好辞职,去找新的工作。

所以,与人相处,不要口出恶言,更不要说出"势不两立"之类的话,要学会宽恕别人,在自己的宽容里解放对方,也成就自己。

有一年,战场上发生了一场激烈的战斗,有一架敌机向阵地俯冲了下来,一位连长站在战场上,原本想要立刻卧倒,但他发现距离他四五米处有一个小战士站着,也顾不上多想,连长急忙跑过去,一个鱼跃将小战士紧紧压在身子下。一声巨响,敌机俯冲到地上,泥土往四处飞溅。连长等周围都静了,站起来,拍了拍身上的泥土,回头一看,自己刚刚站的位置被炸出了一个大坑。

故事中的小战士是幸运的，但更加幸运的是故事中的连长，因为他在帮助别人的同时也帮助了自己！每个人的一生都会遇到许多绊脚石，需要一个一个搬走，不过我们有没有想过，有时候我们搬开了别人面前的绊脚石，其实也是为自己铺了一条路呢？

所以，高明的人往往是个心胸宽广的人，缺乏智慧的人才会得饶人处不饶人，最终断了自己的后路。

有位哲人说："把自己当成别人，把别人当成自己。那么，你就是一个快乐的人。"特别是当别人得罪了你时，你更要能站在他的位置进行换位思考，学会容忍别人，像容忍自己一样容忍他人，你不但会得到心灵的释放，同时还会获得珍贵的友谊。没有宽恕就没有恒久的爱，也没有真正的自由。

英雄，就是做自己能做的事

人是有极限的，一般也称为"最大承受能力"，意思是做一件事时自己能够承受的最大限度。人不是因为做了多大的事情而辉煌，而是做自己能做的事，如此成功便不再复杂、人生便不再纠结。这正印证了一句话——"英雄就是做他能做的事。"

1

珠穆朗玛峰的海拔为8844.43米，很多人都为攀登到峰顶而自豪。有一位登山运动员，有一次参加了攀登珠穆朗玛峰的活动，不过当他爬到6400米的位置时，身体出现了强烈的不适，他觉得自己不行了，于是不得不停住，返回了基地。

事后，有人为他而惋惜，为什么不再坚持下去，再攀登一点高度，就可以越过6500米的登山死亡线。他回答得很干脆："不，我自己最清楚，6400米的高度，是我登山能够攀登到的最高处，我一点都不感到遗憾。"

那位登山运动员知道如何保存自己的实力，在攀登珠穆朗玛峰的过程中，他清楚地知道6400米就是自己的最大承受能力，也就是过程中能够攀登的最高的高度。难道，一个淡然自若地做自己能做的事的人称不上英雄吗？

当我们在成功路上屡屡摔跤，对某件事情力不从心、备感失意的时候，我们不应该悲观失望、自暴自弃，而是应该静心沉思，我们是不是为了成功而挑战了自己的极限，做了自己无能为力的事情？

2

或许你是一个技术型的员工,不懂管理,但你却忽略了自身的优势,一心想往行政职务上升迁,即使你在这方面再努力,进步也是非常慢的,很难得到公司的提拔。即使你真的有幸被提拔为管理人员,你的能力也很难适应新岗位,做不出理想的业绩,迟早会败下阵来。

由此可见,静下心来检视自己、承认自己的能力和极限,了解自己能够做成的事情,然后加以实行、量力而为,让自己有限的生命发出适度的光和热,你就能从自我否定的状态中获得解放。

3

从前有一个小男孩,他很喜欢柔道,跑去找一位著名的柔道大师,希望他能收自己为徒,柔道大师答应了。不过,还没有开始正式的学习之前,小男孩遭遇了一次车祸,他彻底失去了左臂。那位柔道大师找到小男孩,说只要小男孩愿意学,他还是愿意教。

小男孩的伤养好了,便开始学习柔道,他知道自己的条件和基础差,所以学得特别认真。最初学习的三个月,柔道大师只教给小男孩一招,小男孩虽然觉得很奇怪,但想着柔道大师有这样做的道理,但又过了三个月,他学习的还是这一招。

终于有一天，小男孩忍不住了，问柔道大师："师父，我是不是需要学一些其他的招数呀？"

柔道大师摇摇头，淡然地说："不用，你学会这一招，学到熟记于心就够了。"

又过了三个月，柔道大师带着小男孩去参加了全国柔道大赛。小男孩觉得自己只学会了一招，比赛根本赢不了，但没有想到最后拿了这一次比赛的冠军，连他自己都觉得不可思议，只有右臂的他，只学会了一招，却打败了所有参赛的选手。

回家路上，小男孩问柔道大师："师父，您教我的这招这么厉害吗？我居然只靠这一招拿到了冠军？"

柔道大师点点头："第一，你学会的这一招是柔道当中最难的一招；第二，能破解这一招的唯一办法是抓住你的左臂。"

对于每个人来说，很多时候，自身的缺陷在一定的情况下刚好是自己的优势，而且这种优势是独一无二的，别人无法模仿。

歌德曾经这么说过："每个人都有与生俱来的天分，当这些天分得到充分发挥的时候，自然能够为他带来极致的快乐。"想要体验到这份快乐，其实很简单，只要从自己的优势着眼，抓住机遇发挥长处，只要找到才能的突破口，谁都可以是可用之材。

如果不顾自己的优势和才能，在自己并不擅长的领域里寻求发展的机会，这就像是在泥潭中挣扎，在迷宫里横冲直撞，无论采取什么样的方式，都逃不过失败的宿命。

遭遇了失败，很多人会为自己找理由，认为自己实在过于平凡，没有任何能够帮助自己获得成功的特殊才能。其实并不是，每个人都有自己与众不同的能力，也有自己擅长的领域，而之所以产生挫败的想法，是因为不知道自己的特长在哪里，自己擅长什么。

只有在了解了自己所擅长的，并且抓住机会发挥自己的优势，你才会绽放出最耀眼的光芒，成就辉煌的人生。

我们经常会陷入自卑当中，眼睛盯着我们的缺点，却忽视了自己的优势；也有人总是看低自己，经常会沉溺在对自己的责备当中，却很少积极地认同自己；我们更乐于取长补短，却很少灵活地扬长避短。因此，我们的悲哀不在于缺乏才能，而在于没有发现才能。

很多人都有过这样一个困惑：同样一件事，为什么别人做得顺风顺水、洒脱自如，自己却力不从心，甚至步履艰难？在你为此感到失意之时，请先问问自己所做的事是否在自己的能力范围之内。

与其改变全世界，不如先改变自己

环境是客观存在的，我们不具备改变环境的能力，而当环境不利于自身的发展时，选择改变自己，便是一种最好的策略，也是最大的智慧。

1

柏拉图曾经告诉弟子，自己具有移动山的本领，弟子们对此感到惊奇，纷纷前来请教方法。柏拉图笑了笑，说："很简单，如果山不过来，我就过去。"

其实，世界上根本没有什么移山之术，唯一能够移动山的方法，正如柏拉图所说，山不过来，那我就过去。环境与人的关系，就如山与柏拉图的关系，既然人不能够改变环境，那就试着改变自己。

法国有一个小男孩，他每天的工作就是在葡萄酒厂里看守橡木桶。每一天，他都会把橡木桶一个个擦干净，再一排排整齐地排列好。可是，如果夜里有风，就会把他辛辛苦苦排列整齐的橡木桶吹得东倒西歪，因此他常常生气。

小男孩觉得很委屈,跑去找父亲。父亲摸了摸小男孩的头,说:"儿子,别难过,你可以想办法征服风呀。"小男孩哭着点点头,自己坐在橡木桶上想了又想,终于想出了一个办法。他去端来一盆又一盆的水,倒进空空的橡木桶里。

第二天,天刚刚亮,他就跑到放橡木桶的地方,一看,那些橡木桶一个个排列得很整齐,昨晚的风那么猛烈,但一个桶都没有被吹歪。小男孩高兴极了,跑去告诉父亲:"爸爸,我知道了。如果想让风吹不倒橡木桶,改变不了风的存在,只能加重橡木桶的重量。"

没错,很多事情我们都没办法去改变,但我们能够改变自己,适应变化,给自己适当"加重"。

2

托尔斯泰曾经说过:"世界上只有两种人,一种是观望者,一种是行动者。大多数人都想改变这个世界,但没人先改变自己。"

改变世界是困难的,但改变自己就容易得多了。只有改变了自己,社会和世界才会慢慢跟着改变。

在英国威斯敏斯特教堂的地下室里,有一座圣公会主教的墓碑,墓碑上有这样一段话:

当我年轻的时候,我的想象力没有受到任何限制,我梦想改变整个世界。

当我渐渐成熟明智的时候，我发现这个世界是不可能改变的，于是我将眼光放得短浅了一些，那就只改变我的国家吧！但是这也似乎很难。

当我到了迟暮之年，抱着最后一丝希望，我决定只改变我的家庭、我亲近的人。但是，唉！他们根本不接受改变。

现在在我临终之际，我才突然意识到：如果起初我只改变自己，接着我就可以改变我的家人。然后，在他们的激发和鼓励下，我也许就能改变我的国家。再接下来，谁知道呢，或许我连整个世界都可以改变。

3

伊索寓言里有这样一个故事：

突然来了一阵狂风，把一棵大树连根拔起，奄奄一息的大树看了看旁边池塘里的芦苇，发现它们安然无恙地站着，好奇地问："我这么粗壮，都被风刮断了，可你这么纤细，怎么一点事都没有呢？"芦苇淡淡地说："我本身就软弱无力，只好低下头给风让路，这样就能避免被狂风冲击，可你呢，拼命抵抗，最后只能被狂风刮断。"

人应该学学芦苇，即使软弱无力，也要具备一定的智慧。

狂风来了，不要拼命抵抗，而是试着低下身子，弯个腰，也许就能化险为夷。

很多人都想过改变自己周围的环境，但却只是口头上说一说，没有实际行动。生活中，我们常常听见有人抱怨周围的卫生太糟糕了，可是看着满地的垃圾，他安慰自己说反正地面已经脏成这样，也不多一个垃圾，于是就把手里的垃圾一扔。如果，每个人都抱有这样的想法，环境怎么可能变好？但如果每个人都从改变自己做起，爱护公共卫生，环境不就得到改变了吗？

面对一大片环境，作为个体，我们是无能为力的，但是我们可以改变自己。同时在平日里积蓄力量，在机会到来的时候，全力冲刺。

高处不胜寒，别把自己太当回事

俗话说："高调做人，低调做事。"不过，这只是一种特殊情况，很多时候，我们需要低调做人。低调做人，不仅能够保护自己不被当成"出头鸟"，也能让自己融入集体，人际关系和谐，还能够让自己积蓄力量，奋力前行，在不知不觉中成就自我，因此低调做人不仅是一种境界，更是一门人生哲学。

1

刘备最后奠定了自己的基业，不仅得益于他人的辅助，更与他自身的"三低"品质有莫大的关系。

一低是指"桃园结义"。刘备，皇亲国戚，之后被皇上认作是皇叔，而与刘备在桃园结拜的人，一个叫张飞，是酒贩屠户；另一个是关羽，是被通缉的正在江湖流窜的在逃杀人犯。刘备与张飞、关羽结为异姓兄弟，身份上算是低了头。可是，这一低头，却让两条浩瀚的大河向他喷涌而来，张飞成了五虎上将张翼德，关羽成了儒将武圣关云长，两条河就成了一片汪洋。

二低是指"三顾茅庐"。当时的诸葛亮只算得上是没出茅庐的后辈，不说身份和地位，就看年龄，刘备都能称得上是长辈。可是，刘备放下身段，三次登门求见，面对两次闭门羹，一点儿怨言也没有，也不觉得丢了脸面，最后赢得了一个"千古名相"的美名，也换来了一张宏伟的建国蓝图。

三低是指"礼遇张松"。益州别驾张松，想要卖主求荣，于是想把西川的地图献给曹操。自从破了马超，曹操志得意满，骄傲极了，几天不见张松，一见面就先问罪，后又向他耀武扬威，引起对方讥笑，又差点将其处死。而刘备呢？先是派赵云、关云长在境外迎接,自己在境内迎接,好吃好喝地招待了三天,最后分开时,牵马相送,甚至泪别长亭。为此,张松十分感动,把原本打算献给曹操的西川地图献给了刘备。于是,西川百姓归入了刘备的帝国。

刘备与曹操的差别,在于对待张松的态度上。曹操高傲、狂蛮,因此失去了统一大好河山的最好机会,而刘备恭敬、低调,最后赢得了天府之国的川内平原。

2

富兰克林是美国开国元勋之一,他年轻时曾经去一位老前辈的家中做客。进门时,他昂首挺胸,但没想到小茅屋低矮,"嘭"的一声,额头就撞在了门框上,又青又肿的。

老前辈闻声走了出来,笑着说:"是不是特别痛?不过,我认为你今天来做客,有了人生当中的最大收获,那就是如果你想要洞明世事,练达人情,就必须时刻记住要低头。"

低头,看似好像给人一种"窝囊""不中用"的感觉,可并不是,那些会低头的人,心中反而藏着高远的志向抱负,能高能低,能上能下,具有普通人不具备的远见卓识和深厚城府。表面上的"无能",其实是富有忍耐力和成大事讲策略的外在表现。

生活当中的每个人,无论已经有了什么样的成就,都应该谨慎,不能得意忘形,不能尽露狂态。为此,人需要学习好几条"低调之道"。

首先,行为上要低调。《红楼梦》中的王熙凤"机关算尽太聪明",乐极生悲,这就是说做人不能太精明,因为"财大不可气粗,居功不可自傲"。

其次,心态上要低调。谦逊是能让每个人终身受益的美德,所以无论在生活中还是工作中,不要恃才傲物,不要锋芒毕露。

再者,姿态上要低调。所谓"高处不胜寒",姿态低调其实是一件好事,因为,"大智若愚,实乃养晦之术",如果羽毛不丰满,就要学会让步;如果时机没有成熟,就要学会等待。

最后,言辞上要低调。如果在说话时,逞了一时的口头之快,得意忘形,其实这是在给自己惹麻烦,因为祸从口出,伤人自尊,揭人伤疤的事千万不能做。

当然,低调做人,不是要低声下气,奴颜婢膝,而是要把自己当成普普通通的一个人,不要自命不凡,要让自己融入集体当中去,为集体和社会献出一分力。

3

我们会遇到各种各样、形形色色的人,无论是在工作当中,还是在生活当中,人际关系如果稍微处理不当,就可能会引来不少的麻烦。程度轻一点,会导致工作和生活不和谐;程度重一点,会影响自己的职业生涯,甚至是生活状态。

为避免以上情况的发生，最好的方法就是低调做人，尤其是在与小气的人相处时，显得尤为重要。

低调做人的意思是不要把自己的时间和精力浪费在人际关系的斗争当中，即使别人真的不如你，即使你的能力真的特别突出，才华也十分出众，也要学会克制，学会有所保留，这是在复杂社会当中保护自己的最有效办法。只有这样，才能做到不招人嫉妒和憎恨，才能不卷入那些是是非非，才有足够的时间和精力完成自己要做的事情，出色地完成任务。

人生那么长，我们一定还有很多不懂的事，即使知识再渊博的人，也不可能事事都明白，所以无论自己的才华有多出众，能力有多突出，都不要想着成为世界的焦点，成为社会的明星。

彪悍的人生里，不需要躺着舔舐伤口

每个人都会遭遇到失败，如果面对失败，气馁了、悲观了、失望了，被暂时的失败和挫折打败了，那将会是永远的失败，而敢于直面失败，正确地对待失败，吸取失败的教训，排除心理障碍,走出失败的阴影,慢慢找出失败的原因,对症下药,才能够获得成功。

1

每个人都希望获得成功,但成功的道路并不是一帆风顺的,甚至隐藏着很多失败。有些人失败了一次,沉沦其中不可自拔,是因为他们逃避失败;有些人就算失败了好几次,却依旧奋发向前,是因为他们敢于直面失败,吸取失败的教训。

面对失败,不气馁,不悲观,不失望,吸取失败的教训,找出失败的原因,才能够在下一次尝试时获得成功。

100多年前,雀巢创始人亨利·内斯特莱受父亲牵连,被迫逃亡外国,躲避政治迫害,原本无忧无虑的生活顿时变得捉襟见肘、异常艰辛。

一天,他路过一片刚刚遭过洪水的农田,原本长势良好的庄稼被毁,一片狼藉。这使他联想到自己的命运。正想着,他看到远处有一个正在劳作的农民。心想:庄稼都这样了,他还在忙什么?亨利好奇地走过去,发现农民正在补栽庄稼,他干得很卖力,脸上还很开心。亨利不能理解,便问农民,对方回答说:"你说我该生气还是该抱怨,该纠结?年轻人,那没有半点效果,那只会使事情更糟。年轻人,这都是上帝的安排——洪水毁坏了庄稼,但也带来了丰富的养料。我敢保证,今年一定是个丰年。"

　　农民的话启发了亨利,他觉得心中的不快刹那间烟消云散。后来,他成了一名药剂师,致力于母乳替代品的研究。在此过程中他经历了无数次失败,每次失败时,他都会想到那位农民的话,不生气、不抱怨、不纠结、不放弃,最终研制成功了全新的婴儿奶粉,并创立了雀巢。

　　有位哲人说过:"空白的人生,总是缺少磨砺。真正的人生,势必离不开磨难。"一个人只有经历过风雨,才能笑对风雨,才懂得珍惜那些无风无雨的晴好日子。当然,就算他不能够笑对风雨,风雨也总有一天会降临到他头上。因为人生的道路上,谁都难免碰到这样那样的磨难。

2

　　我们必须承认的是,失败是生活经历的一部分,每个人都必须学会与失败共同生存,因为每个人都会经历失败,这不可避免。

　　任何成功的背后,其实都有无数的失败在支撑,在赞美成功时,我们也应该赞美失败。

　　爱迪生在经过14000多次实验后发明了电灯。当记者问爱迪生对这么多次失败有何感想时,爱迪生这样回答:"我不是失败了14000多次,而是发现了14000多种行不通的方法而已。"在爱迪生的字典里,根本没有"失败"这两个字的存在。在他的眼里,曾经的失败,只是证明了一种道路不可行,仅此而已,它完全不足以成为阻挡他继续前进的障碍。

人生难免会遭遇失败,我们应正视失败,接受失败的现实,从失败中振作起来,让自己变得成熟,争取早日成功。只有走下去,路才会变长。当我们因为一次跌倒而瘫坐在原地裹足不前时,这条道路对我们来说便结束了;而当我们披荆斩棘地勇往直前时,这条路也就会因我们的勇气和斗志而向着远方的目标延伸下去。

3

在奋进的过程中,有成功就必然有失败。但是,有些人却只迷恋成功而害怕失败,有些人甚至把失败看作是毁灭与灾难。有这种想法的人,就等于在自己的内心种下了失败的种子。就算你最终成功了,也不能成为真正的成功者。

而另一种人则不同,他们将失败当作上天的恩赐和机会,将失败看成是成功的入场券,会去善待失败,微笑面对挫折,并将其转化为前进的动力,最终成为真正的大赢家。

哈莉·贝瑞不仅是美国黑人女性的杰出代表,更是当时好莱坞最红的女明星之一。从17岁开始,集美丽、智慧和坚韧于一身的哈莉·贝瑞就接二连三地获得令人羡慕的殊荣。

2001年3月24日17点30分,第74届奥斯卡金像奖颁奖典礼在洛杉矶的"柯达剧院"隆重举行。凭借在电影《怪物午宴》中的精彩表演,哈莉·贝瑞获得了奥斯卡"最佳女主角"奖,她手捧奥斯卡小金人,兴奋地将其高高举起。

这一刻, 奥斯卡颁奖典礼在历史上翻开了崭新的一页,哈莉·贝瑞是奥斯卡历史上第一位黑人影后。这一扇对黑人女演员关闭了整整74年的大门终于打开了,傲慢的奥斯卡终于被黑人演员的演技征服了!

不过,没有任何一条道路是一帆风顺的,作为命运宠儿的哈莉·贝瑞也不例外。

2005年2月26日, 第25届金酸莓电影奖颁奖仪式隆重举行,哈莉·贝瑞主演的电影《猫女》被评为"最差影片奖",而女主角哈莉·贝瑞也被评为"最差女主角"。

设立于1981年的金酸莓电影奖,与奥斯卡奖像是分化的两极,奥斯卡专门评选"最佳",而金酸莓专门评选"最差",比如"最差影片""最差导演""最差女演员"等,也举行颁奖仪式,也颁发奖杯。

这怎么看都是一个恶作剧般的颁奖仪式,好莱坞的明星从不正眼相待, 从来没有一个当红的明星去参加颁奖仪式。出乎意料的是,哈莉·贝瑞参加了颁奖典礼,走上了领奖台,用那双曾经接过奥斯卡最佳女主角奖杯的手,接受了金酸莓"最差女主角"的奖杯。

从来没有当红的女明星接过"最差女主角"的奖杯,哈莉·贝瑞成为第一位接过这个奖杯的好莱坞女明星。

接过奖杯后,哈莉·贝瑞循例发表了获奖感言:"我的上帝！我这辈子从来没有想过我会来到这里,赢得'最差'奖,这不是我曾经立志要实现的理想。但我仍然要感谢你们,我会将你们给我的批评当作一笔最珍贵的财富。请相信,我不会停下来,我今后会带给大家更精彩的表演。"

听到这些话,原本打算嘲笑她的观众反而给予了哈莉·贝瑞一阵又一阵热烈的掌声。

颁奖典礼过后,哈莉·贝瑞被记者围住了。有一个记者提问:"您不觉得前来领奖是一件丢人的事吗?"

哈莉·贝瑞笑着回答:"作为一个演员,不能只听到别人对自己的赞美,更要有勇气接受别人对自己的批评。当年,我能够参加奥斯卡颁奖典礼,接过小金人奖杯,那我也应该有勇气来到这,接过这个奖杯。"

另一个记者提问:"您拿了奖杯之后,会如何保存呢?"

哈莉·贝瑞举起了手中的奖杯,认真地说:"这个奖杯很有分量,我觉得即使以后我遭遇到像飓风似的赞扬与恭维,因为拥有它,我就不会飞到天上,而是沉稳地站在地上,因此我会把这个奖杯放在我的厨房里,这样我每天都能够看到它。"

采访结束后,有记者希望哈莉·贝瑞能够签名留言,她想了想,写了一句话:"如果不能做一个好的失败者,也就不能做一个好的成功者。"

在人生的巅峰时刻,哈莉·贝瑞没有忘乎所以,认为自己拥有了绝对的成功;在人生的谷底时,她也没有因此一蹶不振。作为全世界瞩目的明星,她能够平静地面对失败和成功,把每一次经历都看成是自己必须经历的,实在难能可贵。

诚如哈莉·贝瑞自己所言,赞扬和恭维固然好听,但批评和指责才是最珍贵的,因为它不会让人头脑一直发热,找不到自己,会让自己保持清醒,这不失为人生最宝贵的财富。

生活就是这样,不按常规出牌,以另一种形式出现。许多时候,成功可能会变成一道减法题,一点点地减去你的志气、毅力和体魄。而失败却像一道加法题,不断地加进你的梦想、努力和汗水,最后累积起来,厚积薄发,失败不过是走向成功的一个必经阶段。

谁都不会轻易成长,包括成功

每一个生命的成长,都需要克服重重阻碍,苦难的存在让我们的生命里充满了成长的机会。如果没有苦难的存在,我们就如同温室里的花儿一样, 感受不到春天的微风、夏天的雷雨、秋天的寒霜与冬天的白雪, 我们的生命将变得枯燥而无味,享受不到收获的喜悦,甚至,将永远丧失成长的机会。

1

人在世界上生存,总是免不了遇到各种各样的烦恼,事实上,我们的生活不可能一帆风顺,因为成长和进步不是在顺境中轻易获得的,而是需要我们在困难中逐渐领悟和收获的。

海伦·凯勒的名字在全世界都不陌生。

她好像注定要为人类创造奇迹,或者说,上帝让她来到人间,是向常人昭示残疾人的尊严和伟大。

1882年,海伦·凯勒19个月大,一场高烧导致她的脑部受损,而后,眼睛失明,耳朵失聪,因为看不见听不见,最后连话都说不出口了,于是她只能在黑暗中不断摸索着长大。

海伦·凯勒7岁那年, 她拥有了人生当中第一位家庭教师——安妮·莎莉文。沙莉文在小时候差点失明,她知道失去光明的痛苦。

在莎莉文的悉心指导下,海伦·凯勒学会了用手触摸,学会了摸点字卡,学会了手语,也学会了读书。到了后来,她慢慢学会了用手感知别人说话时的唇形,从而学会了说话。海伦·凯勒也有机会去接近大自然,感受在草地上打滚的乐趣,感受在田野里跑跑跳跳的快乐,体会在田里种下种子的生机感,体会爬到树上吃饭的刺激感……

莎莉文还带海伦·凯勒去摸刚刚出生的小猪, 也带她到河边玩水,就这样,在爱的照顾与指引下,海伦·凯勒克服了失明与失聪的障碍,开始与其他人沟通交流。

海伦知道,如果没有莎莉文老师的爱,就没有今天的她,所以她决心要把老师给自己的爱发扬光大。

海伦跑遍美国大大小小的城市,周游世界,为残障人士到处奔走,全心全意为那些不幸的人服务。

海伦把一生都献给了盲人福利和教育事业,赢得了全世界人民的尊敬。

海伦·凯勒终生致力于服务残障人士,她一生写了14本书,处女作《我的生活》一出版,立即引起了轰动,被誉为"世界文学史上无与伦比的杰作"。

在生活中,每个人都会经历许许多多的风雨考验,在人生道路上所遭受的风雨是磨砺我们意志的体验。当我们失败或不顺的时候,如果坚信再试一次,也许就能看到雨后的彩虹。那么,不管有多大的困难,都不能阻碍我们前行的脚步了。

2

曾经有这么一个人,他热爱大自然,喜欢观察飞鸟,喜欢寻找小动物的踪迹。同时,他有着一颗善良、淳朴的心,见到任何人有困难都会施以援手。

在一个乍暖还寒的春天早晨,他像往常一样在自己家附近的森林里漫步,突然他很意外地发现了一只蝴蝶的茧。这只美丽的白色的茧正挂在一棵树的树枝上,随着微风轻轻摇晃。如果能目睹破茧成蝶这一自然奇迹，那该是多么幸运啊！他感到很激动，于是每天他都去看看这只茧。几天过去了，这只茧似乎没有任何活动或生命的迹象，他开始有些失望了。

终于有一天，茧的一端裂开了一个很小的口。于是，他坐在林地上，准备欣赏这场"表演"。他看着蝴蝶用了数小时的时间从一个小洞里向外挣扎。这个过程一直在持续。他越来越没有耐心，心里一直在思索着该怎么帮助一下这个可怜的小生命。不一会儿，茧中的生命好像完全停止了挣扎，看上去它好像已经用尽全力，再也不能更进一步了。

于是，他决定帮蝴蝶摆脱阻碍。他回到家，找了把剪刀，然后返回森林，把茧剪开了一个很大的洞。蝴蝶很快就从茧中钻了出来，但是它并不像一般的蝴蝶那样身躯轻盈，而是身体臃肿肥大，翅膀也萎缩无力、黯淡无光。那个人坐了下来，继续观察蝴蝶，期待着蝴蝶的变化。

他以为蝴蝶出来时都是这个样子，他还期待着在某一个时刻，蝴蝶的翅膀会变大，伸展开来足以支撑它的身体。他还想象着，蝴蝶的身体是怎么从臃肿逐渐变得轻盈、优雅，翅膀是怎么变得鲜艳而有力。然而，他等了许久，蝴蝶却依然是那个样子，他想象的那些事情，一件都没有发生。

事实上，这只蝴蝶只能是这样了，它的一生将只能用它肿胀的身体和褶皱的翅膀在地上爬行，和它在成为蝴蝶之前的那只虫子一样，它永远也飞不起来了。这个仁慈又心急的人,不明白茧的束缚与蝴蝶的挣扎是必要的。在蝴蝶从小孔挣扎出来的过程中,血液从身体里挤出,进入翅膀。只有这样,在从茧中获得自由后,蝴蝶才能展翅飞翔。

3

在上大学的时候,他就开始踏入社会了,他想要尽快闯出一番自己的天地。和朋友们找工作实习不同,他想干的是属于自己的事业。为此,他跟家里要了一笔钱,作为自己的创业基金。刚开始,他进了一些货物卖,但是他没有什么经验,又缺乏市场洞察力,生意冷淡。最后别说赚钱,就连本钱都赔了进去。不过他认为这只不过是自己没什么经验而已,下次一定会更好。在这次失败过后,他并没有沉浸在痛苦中,反而很快地振作了起来。

很快,毕业的季节来临了。对于他来说,这是他梦寐以求的时刻,因为他终于能放开手脚去拼搏了。他的家人给予了他精神支持的同时,也给予了他物质支持。有了启动资金,就不愁生意做不起来。虽然家中建议他先观察市场,多了解了解再去做,但是他等不及,还是出手了。这次的结果和他第一次创业没有什么不一样,还是以失败告终。

但是两次打击也不能毁灭他创事业的决心。这次他断了自己的后路,不再跟家里要钱,而是向朋友借钱,重新开公司。他不相信,自己这么优秀,生活会一直这样拿他开涮。可是结果仍旧是失败……一次次的挫折都没有将他打垮，他一次次地振作，但是他的生活和生意没有丝毫改变，唯一改变的就是他债务的数字。

后来他实在想不通，就找到了大学时的导师，和他倾诉。他对导师说："我实在想不通为什么，我已经非常努力了，但生活一再捉弄我。每当挫折来临的时候，我都告诉自己我还可以振作，但是生活没有给我一丝回报！再这样下去我真的不知道我还能坚持多久……"

他的老师听完后没有马上发表意见，而是给他讲了一个自己的经历。他说："我年轻的时候曾经喜欢四处旅游。有一次，我徒步走到了一片草原中。那里鲜有人烟，草生得非常茂密。当时是下午，我想要快点走出草地，找到一个落脚地。在我走了一段路之后，不知道被什么绊了一下，摔了一个大跟头。不过我没有在意，因为我很着急，所以我马上站起来继续前进。但是没走多远，我又摔倒了。这个跟头摔得很疼，同时也让我意识到了一件事情，这是一片草地，没有树根的牵绊，我为什么会摔倒呢？等我仔细观察才发现，绊倒我的是一个个草环，而且周围有很多，让我想不到的是，这些草环勾勒出了一个轮廓，而在这些草环中央是一片沼泽，那正是我要通过的地方……"

听完老师的话，他若有所思。在那之后，他静了一段时间，没有急于创业。在他周围的人以为他一蹶不振的时候，他厚积薄发,重新开起了公司,而且短短的几年时间就让公司走上正轨,他终于成就了自己的事业。

造物主是仁慈的, 他让我们每一个人拥有成长的机会;造物主也是智慧的, 他不会让任何人轻而易举地获得成长。无论是朋友还是敌人,是顺境还是逆境,都是帮助我们成长的机会,只是它们以不同的面貌和方式出现罢了。